SHUDIAN XIANLU CELIANG SHIYONG JISHU

输电线路测量实用技术

申屠柏水　李健　编著

中国电力出版社
CHINA ELECTRIC POWER PRESS

内 容 提 要

输电线路测量实用技术全书共分三篇，第一篇为线路常规测量，包含测量仪器使用介绍、角度和视距测量计算、线路设计测量、线路施工测量等内容；第二篇为全站仪测量，包含仪器各部件名称与使用、常规（角度、距离、坐标）测量、应用（悬高、对边、点到直线等）测量；第三篇为GPS测量，包含GPS测量仪结构及设置、GPS测量方法与步骤，着重介绍相位差分定位技术作业即RTK技术模式。全书采用课堂教学与实际应用融合的方式叙述，适合输配电线路员工培训教学和自学使用。

图书在版编目（CIP）数据

输电线路测量实用技术 / 申屠柏水，李健编著. —北京：中国电力出版社，2015.8（2018.12重印）

ISBN 978-7-5123-7914-5

Ⅰ. ①输… Ⅱ. ①申… ②李… Ⅲ. ①输电线路测量 Ⅳ. ①TM75

中国版本图书馆CIP数据核字（2015）第136489号

中国电力出版社出版、发行

（北京市东城区北京站西街19号 100005 http://www.cepp.sgcc.com.cn）

三河市百盛印装有限公司印刷

各地新华书店经售

*

2015年8月第一版 2018年12月北京第三次印刷

710毫米×980毫米 16开本 11.25印张 188千字

印数3001—4000册 定价 **40.00** 元

前 言

随着测量仪器的不断更新，传统的光学经纬仪测量逐步被全站仪和 GPS 测量仪所替代。虽然测量仪器更新了，但测量原理和方法是相通的。有关线路测量书籍在各专业出版社均有发行，且理论推导计算都很详细，但对现场一线员工学习领会难度较大。本书的出发点立足于现场实际应用，尽量不用或少用繁琐的理论推导计算。全书采用课堂教学与实际应用融合的方式叙述，适合输配电线路员工培训教学和自学使用。

全书共分三篇，第一篇为线路常规测量，包含测量仪器使用介绍、角度和视距测量计算、线路设计测量、线路施工测量等内容。第二篇为全站仪测量，包含仪器各部件名称与使用、常规（角度、距离、坐标）测量、应用（悬高、对边、点到直线等）测量。第三篇为 GPS 测量，包含 GPS 测量仪结构及设置、GPS 测量方法与步骤，着重介绍相位差分定位技术作业即 RTK 技术模式。

由于编者业务技术水平有限，书中疏漏不妥之处在所难免，恳请读者批评指正。

编者

目 录

第二篇　全站仪测量

第三篇　GPS 测量

第一篇

线路常规测量

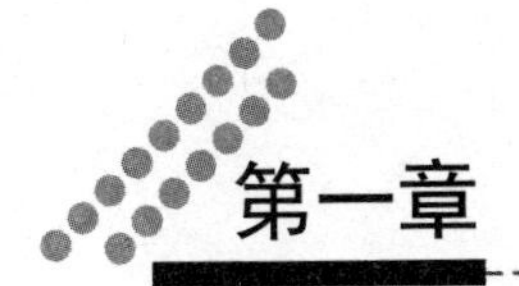

第一章

测 量 仪 器

线路中常用的测量仪器有水准仪、光学经纬仪、红外光电测距仪、全站仪和 GPS 全球定位系统等，测量时可根据条件及需要灵活选择。

第一节 水 准 仪

水准仪测量高程比较准确，在遵守测量规范进行操作的条件下，仪器的测量精度可达每千米线长的高程偶然误差不超过±3mm。水准仪适用于一般水准测量、大型机器安装及房屋平基等。在线路上常将其用来引“标高”和杆塔基础操平。

一、水准仪的主要技术参数

水准仪的主要技术参数见表 1–1–1。

表 1–1–1　　　　水准仪的主要技术参数

名　称	项　目	技 术 参 数
望远镜	放大率	30 倍
	物镜有效孔径（mm）	42
	视场角	1°26′
	视距乘常数	100
	视距加常数	0
	最短视距（m）	2.5
水准器	管状水准器角值（弧长 2mm）	20″
	圆形水准器角值（弧长 2mm）	8′
外形尺寸	仪器高度（mm）	145
	脚架（伸缩腿式）（mm）	950～1550

二、水准仪的主要结构及特点

1. 水准仪的主要结构

水准仪的主要结构如图 1–1–1 所示。

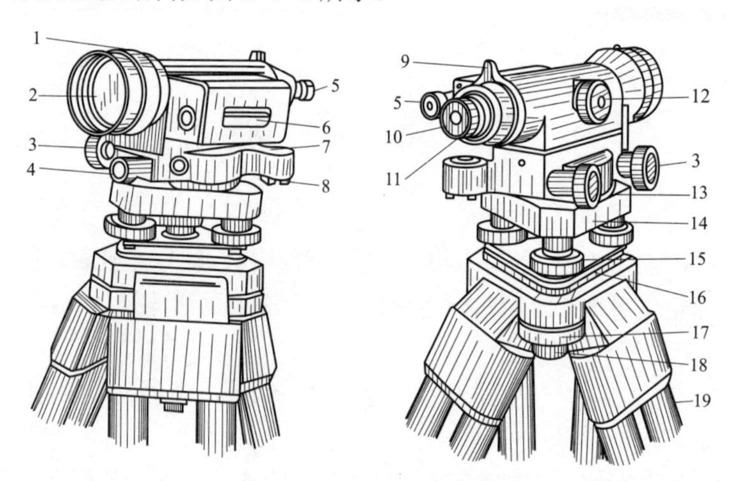

图 1–1–1　水准仪的主要结构

1—准星；2—物镜；3—水平微动螺旋；4—水平制动螺旋；5—符合水准器观测镜；6—长水准器；7—圆水准器；8—校正螺丝；9—照门；10—目镜；11—目镜对光螺旋；12—物镜对光螺旋；13—仰俯微倾螺旋；14—基座；15—脚螺旋；16—连接板；17—架头；18—中心固定螺旋；19—三脚架

2. 水准仪的主要特点

水准仪只能测量水平视场内的高程及水平距离，不能测量角度。水准仪只能在水平面内进行 360° 旋转，不能上下移动，也不能翻转镜筒。

三、水准仪的有关操作

（1）支好三脚架，将水准仪用中心固定螺旋 18 固定于三脚架上，使其基本水平。

（2）调三个脚螺旋 15，使圆水准器 7 中的气泡居中（气泡运动方向与左手大拇指运动方向一致）。

（3）用望远镜上的瞄准器（准星、照门）粗对目标。锁住水平制动螺旋 4，旋转物镜对光螺旋 12 至目标清晰。判断仪器是否对准目标，若稍有偏差，调水平微动螺旋 3 使其完全对准。

（4）调仰俯微倾螺旋 13，使符合水准器观测镜中两半圆泡重合，如图 1–1–2 所示，然后读数。

（5）每测量一个新目标，必须重复步骤 3 和步骤 4。

四、水准测量操作实施

当地面两点间的高差较大或两点间的距离较远，超过允许的视线长度时，或两点间地形复杂、通视困难，安置一次水准仪不能测出两点间的高差时，必须在其间安置多次水准仪分段进行观测。

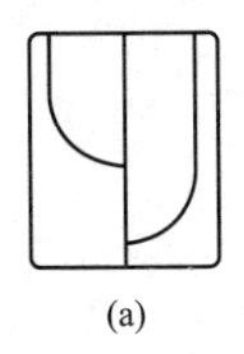

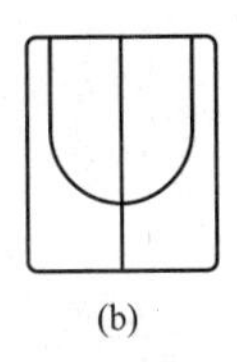

图 1–1–2　水准器观测镜调节

（a）两半圆泡不重合；（b）两半圆泡重合

如图 1–1–3 所示，A、B 两点的距离较远，地面起伏变化较大。已知 A 点的高程 H_{A}，现要测定 B 点的高程 H_{B}。观测步骤如下：后司尺员在 A 点立尺，前司尺员视地形情况在前方选择转点 1 放置尺垫立尺，在距两尺子大致相等的地面设置测站 1，安置水准仪。当视线水平时先对 A 点的水准尺读数为 a_1，记入表 1–1–2 中相应的后视读数栏内；然后对转点 1 的水准尺读数为 b_1，记入表中相应的前视读数栏内。转点的符号为 TP，第 1 个转点为 TP_1。转点的作用是传递高程，是临时立尺点。至此，第 1 测站的工作结束。TP_1 点的水准尺保持不动，将水准仪移到第 2 测站，持 A 点的水准尺前进，选定 TP_2 点立尺。当视线水平时，对 TP_1 点的水准尺读数为 a_2，记入后视读数栏内；对 TP_2 点的水准尺读数为 b_2，记入前视读数栏内，第 2 测站工作结束。按以上方法依次安置第 3 站～6 站，测至 B 点。

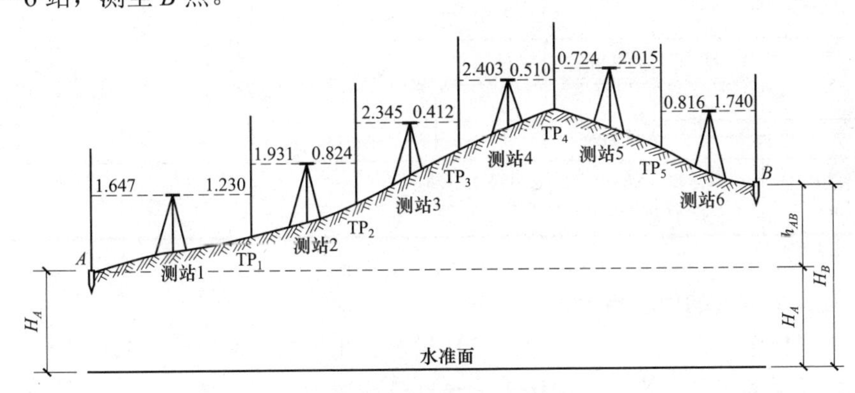

图 1–1–3　水准测量

计算各测站的高差。设各测站的高差顺序为 h_1、h_2、…、h_6，其中：

$$h_1 = a_1 - b_1$$

$$h_2 = a_2 - b_2$$

$$\cdots$$

$$h_6 = a_6 - b_6$$

将以上各式相加得

$$\Sigma h = \Sigma a - \Sigma b$$

上式说明，两点的总高差等于各站高差之和，也等于后视读数之和减去前视读数之和。

表 1–1–2　　　　水 准 测 量 手 簿

测站	点号	后视读数（m）	前视读数（m）	高差（m）		高程（m）	备注（m）
				+	−		
1	A	1.647		0.417		32.432	$H_B = H_A + \Sigma h$ $= 35.558$
	TP_1		1.230				
2	TP_1	1.931		1.107			
	TP_2		0.824				
3	TP_2	2.345		1.933			
	TP_3		0.412				
4	TP_3	2.403		1.893			
	TP_4		0.510				
5	TP_4	0.724			1.291		
	TP_5		2.015				
6	TP_5	0.816			0.933		
	B		1.749			35.558	
总和		9.866	6.740	+3.126			
计算的校核（m）	$\Sigma h = \Sigma a - \Sigma b = 9.866 - 6.740 = +3.126$ $H_B - H_A = 35.558 - 32.432 = +3.126$						

五、水准仪的检验与校正

为了保证水准仪的正确使用，虽然仪器在出厂前已经过检验和校正，但在每次使用之前仍需进行检查和校正。水准仪应该满足下列条件：

（1）圆水准器轴线应平行于仪器转轴轴线。

（2）望远镜内分划板十字丝横丝应垂直于仪器转轴轴线。

（3）望远镜视准轴与长水准器轴平行。若上述条件不能满足，则应对水准仪进行校正。

水准仪的检验和校正顺序及方法如下：

（1）使圆水准器轴线与仪器转轴平行。将水准仪安置好并用脚螺旋 15 使圆水准器 7 的气泡居中，将水准仪上半部分绕轴转动半周，如果气泡仍居中，则表示满足要求。否则需通过脚螺旋使气泡回中间一半，另一半则通过圆水准器下面的 3 只有孔校正螺钉校正。重复进行到仪器转向两相反方向时气泡都位于圆水准器的中间为止。

（2）使十字丝横丝与转轴轴线垂直。将望远镜横丝瞄准一小点，转动水平微动螺旋 3 使仪器上半部分绕轴转动，若点沿横丝移动且不离开，则满足要求，否则可用螺钉旋具把目镜座上 3 只制头螺钉略松开，然后转动整个目镜座（连同整个分划板）使之绕镜筒中心旋转至正确位置，再旋紧 3 只制头螺钉即可。

（3）视准轴与长水准器轴在竖面上的不平行（也称主条件不满足的误差）的检校。首先在地面上相距约 50m 处设立 *A*、*B* 两点，将待检验的仪器放置在 *A*、*B* 两点中间（两端距离相等），测出两点的正确高差 $h=a-b$（*a*、*b* 分别为 *A*、*B* 两尺的读数）。把仪器移至靠近 *A* 尺一端，如图 1–1–4 所示，分别使气泡居中并读出两标尺的读数 a_1、b_1，则此时测得的高差为

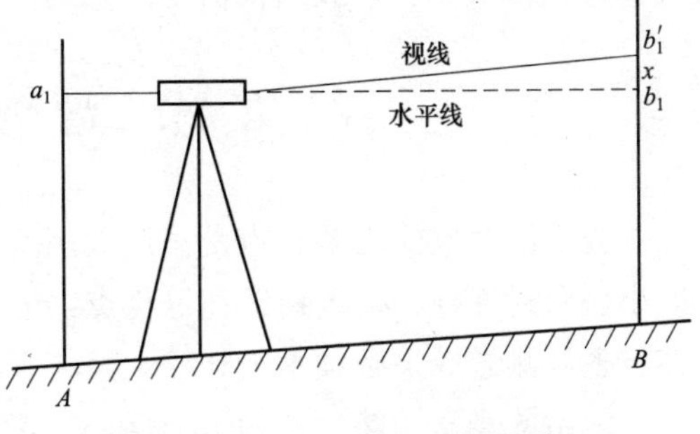

图 1–1–4　水准仪主条件检校

$$h_1 = a_1 - b_1$$

由于仪器有误差，因此仪器读数并非为水平时的正确读数，设远尺应表示的正确读数为 b_1'（仪器附近误差忽略不计），则

$$b_1' = b_1 - x = a_1 - h$$

根据上述公式可计算出远尺的正确读数，然后把望远镜对准远尺的止确读数，校正长水准器端的上下两只改正螺钉，使气泡居中即可。

这项校正为水准仪中的最主要的项目，应反复进行直到误差小于 4mm 为止。

六、水准仪的维护与保管

（1）水准仪是精密仪器，必须注意保护其各部分结构，避免失去原有精度。若对水准仪的结构不熟悉，则使用前应先仔细阅读使用说明书，并逐一掌握水准仪各部分结构、使用和操作方法，除水准仪上可以活动或拆下的部分外，不应随便拆卸水准仪。

（2）施测时，若有烈日照射，则应撑伞避免阳光直射在水准仪上，否则将影响施测精度。

（3）各螺旋及转动部分若发生阻滞不灵的情况，应立即检查原因，在未明确原因前，切勿过分用力扭扳，以防损伤水准仪结构或机件。

（4）镜片上有影响观测的灰尘时，可用软毛刷轻轻拂去。若有轻微水气，可用洁净的丝绸、擦镜纸轻轻揩擦，切勿用手指触摸镜片。

（5）水准仪在使用完毕后，应将各部分揩擦干净，特别是水气擦干时应稳妥、谨慎。水准仪和脚架均应放置在干燥通风、无酸性和无腐蚀性挥发物的地方。

（6）水准仪除在施测过程中或其他特殊情况外，均应放置在箱子内或连箱整体搬移。

（7）水准仪若有故障或损坏，必须由熟悉水准仪结构并有一定修理技术的人员进行检查修理，或送仪器工厂修理，切勿随意拆卸。

第二节　光 学 经 纬 仪

光学经纬仪的主要特点是采用玻璃度盘和光学测微装置，具有体积小、质量小、密封性好、读数精度高等优点。但光学经纬仪的不足之处是仪器操作部件较多，测量成果必须手工计算。

常用的光学经纬仪分为 J6 型和 J2 型两大类，以下分别介绍。

一、J6 型光学经纬仪

J6 型光学经纬仪的主要结构如图 1–1–5 所示。

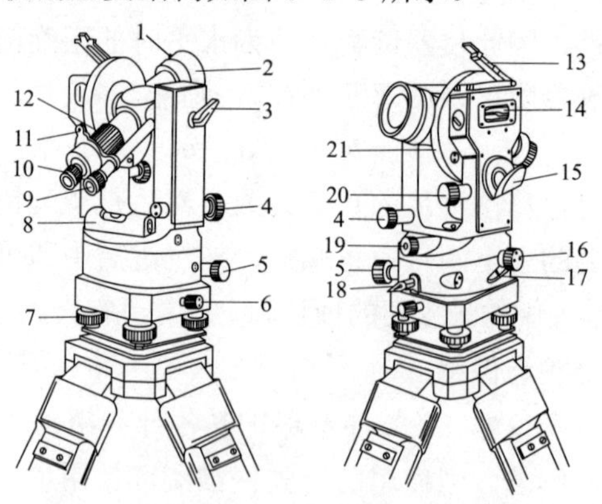

图 1–1–5　J6 型光学经纬仪的主要结构

1—准星；2—望远镜物镜；3—望远镜制动螺旋；4—望远镜微动螺旋；5—水平微动螺旋；6—轴套固定螺旋；7—底脚螺旋；8—照准部水准管；9—读数显微镜；10—望远镜目镜；11—照门；12—物镜调焦螺旋；13—竖盘水准管反光镜；14—竖盘水准管；15—反光镜；16—度盘变换手轮；17—保险手柄；18—水平制动螺旋；19—光学对中器目镜；20—竖盘水准管微动螺旋；21—竖盘外壳

J6 型经纬仪主要由望远镜、水平度盘、垂直度盘和基座四部分组成，其主要设备介绍如下：

（1）望远镜。望远镜是经纬仪的照准设备，其作用是将不同距离的目标通过望远镜放大成像，使观测者看清目标，也为了精确照准目标。

现代经纬仪的望远镜都采用内对光式，由物镜、目镜、调焦透镜和十字丝板四部分组成。

（2）水准器。为了测得水平角，经纬仪的水平度盘必须保持水平，垂直轴处于铅垂位置。水准器用来调平经纬仪，有管水准器和圆水准器两种。

1）管水准器。管水准器是将玻璃管内表面磨成一定半径的圆弧，根据使用目的不同，圆弧半径为 3.5～200m。管水准器的制作方法是在水准管内注满酒精和乙醚的混合液，加热使其膨胀而排出一部分，然后用火融封闭，待内部的酒精和乙醚冷却后，液体的体积缩小，管内形成一个空间，此空间称为水准管气泡。

2）圆水准器。圆水准器为一金属圆盒，圆盒上面为玻璃盖，玻璃盖的内表面为磨光的球面，球面的曲率半径通常为 0.5～2m。在圆盒的底部有一螺旋孔，通过此孔向水准器内注满沸腾的酒精和乙醚，然后用螺旋钉把该孔封闭，待水准器内的酒精和乙醚冷却后，所形成的空间即为圆水准器气泡。

3）水准器灵敏度。水准器曲率半径越大，分划值越小，则水准器灵敏度越高，即水准器气泡移动越灵敏。由于管水准器比圆水准器的曲率半径大，因此管水准器比圆水准器灵敏度高，其可以精确整平仪器，而圆水准器仅用于粗略整平仪器。

（3）基座。照准部以下为基座。转动基座下 3 个脚螺旋可使水平度盘水准管气泡居中，从而使水平度盘水平，仪器旋转轴竖直。

（4）读数设备。读数设备包括度盘、测微器、显微镜三部分。度盘分为水平度盘和垂直度盘，都由玻璃制成。水平度盘沿着全圆周从 0°～360° 顺时针刻有等角距分划线，相邻两分划线间弧长所对的圆心角称为度盘的格值，J6 型经纬仪的水平度盘格值有 1°、30′两种。

测微器是测量不足一格的小数用的，目的是使读数精度提高。外部光线通过反光镜反射进去照亮度盘，内部的光学装置将水平度盘和垂直度盘的影像折射到望远镜旁边的读数显微镜里。

一般经纬仪采用分划尺测微器。图 1–1–6 所示是分划尺度盘成像情况，度盘格值为 1°，分划尺有 60 格，总长为放大后度盘每格（1°）的宽度，所以

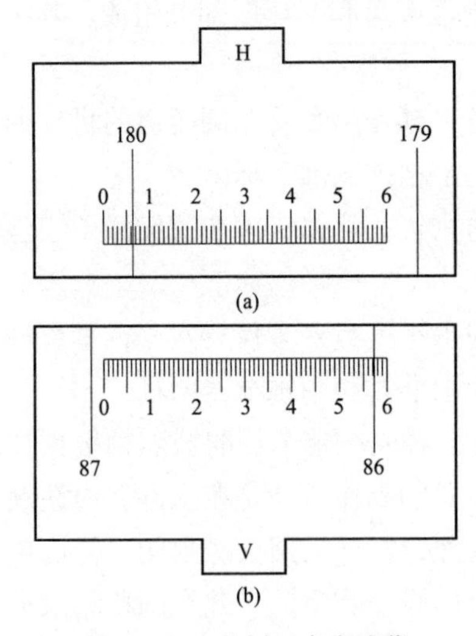

图 1–1–6　分划尺度盘成像
（a）水平度盘；（b）垂直度盘

分划尺格值刚好为 1′。读数时，以度盘分划线为指标线，反过来读取分划线在分划尺上的读数，估读到 0.1′。如图 1–1–6 所示水平度盘读数为 180° 06′30″，垂直度盘读数为 86° 57′。

读数时应注意的问题：

1）在显微镜中可以看到分划板上有两种角度读数，当两刻度数较接近时，容易将两角度读数混淆，因此必须掌握两种度盘的符号。水平度盘的常用符号有平、水平、H、$\underset{\sim}{-}$；垂直度盘的常用符号有立、垂直、V、⊥。

2）度盘读数指线可能会有两条同时切在分划板上，但这是一种极限状态（两端点）。因为分划板上的格值正好是 1° 的宽度，所以，此时角度读数为小度数加 60′或大度数加 0′。如图 1–1–6 所示，若水平角度 179° 和 180° 同时切在分划板上，此时读数分别为 179° 60′或 180° 0′，其结果完全一样。

二、J2 型光学经纬仪

1. J2 型光学经纬仪的用途

J2 型光学经纬仪是一种精密光学测角仪器。该仪器在国防建设、大地测量和工程测量中占有很重要的地位。J2 型光学经纬仪可以广泛地应用于国家和城市的三、四等三角测量，同时也可用于铁路、公路、桥梁、水利、电力、矿山及大型企业的建筑、大型机械的安装和计量及电力线路测量等工作。

2. J2 型光学经纬仪的主要技术参数

J2 型光学经纬仪的主要技术参数见表 1–1–3。

表 1–1–3　　J2 型光学经纬仪的主要技术参数

名　称	项　目	技 术 参 数
角度误差	一测回水平方向中误差	±2″
	一测回垂直角测量中误差	±6″
望远镜	长度（mm）	172
	物镜通光口径（mm）	42

续表

名　称	项　目	技 术 参 数
望远镜	放大倍率	30 倍
	视场角	1°30′
	最短视距（m）	2
	视距乘常数	100
度盘和测微器	水平度盘直径（mm）	90
	垂直度盘直径（mm）	70
	全圆刻度值	360°
	度盘最小格值	20′
	测微器最小格值	1″
读数显微镜	水平系统放大率	43 倍
	垂直系统放大率	62 倍
水准器	竖轴水准器（弧长 2mm）	20″
	竖盘指标水准器（弧长 2mm）	20″
	圆水准器（弧长 2mm）	8′
光学对点器	放大倍率	3 倍
	视场角	7°30′
	调焦范围（m）	0.3～6
	对点范围（m）	0.8～1.5

3. J2 型光学经纬仪的主要结构

老款 J2 型光学经纬仪的主要结构如图 1–1–7 所示。

新款 J2 型光学经纬仪的主要结构如图 1–1–8 所示。

J2 型光学经纬仪与 J6 型光学经纬仪相比有以下不同。

（1）J2 型光学经纬仪新增一个测微手轮，测量不足 10′的角度。

（2）J2 型光学经纬仪新增一个换像手轮，转向水平位置和垂直位置可分别读出两种角度，使两种角度不同时反映在读数显微镜中，不易读错。

（3）J2 型光学经纬仪新增一块度盘反光镜，可在水平方向、垂直方向分开反光。

（4）J2 型光学经纬仪与 J6 型光学经纬仪的对中装置不同。J6 型光学经纬仪大多数采用悬垂球；而 J2 型光学经纬仪采用有直角棱镜的光学对中器，其与悬垂球相比有较高的精度且不受风吹影响。

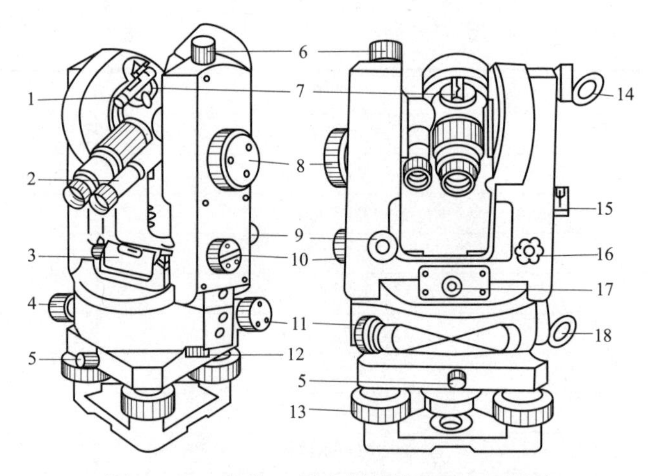

图 1-1-7　老款 J2 型光学经纬仪的主要结构

1—望远镜反光板手轮；2—读数显微镜；3—照准部水准管；4—照准部制动螺旋；5—轴座固定螺旋；
6—望远镜制动螺旋；7—光学瞄准器；8—测微手轮；9—望远镜微动螺旋；10—换像手轮；
11—照准部微动螺旋；12—水平度盘变换手轮；13—底脚螺旋；14—竖盘反光镜；
15—竖盘指标水准器观察棱镜；16—竖盘指标水准管微动螺旋；17—光学对中器目镜；18—水平度盘反光镜

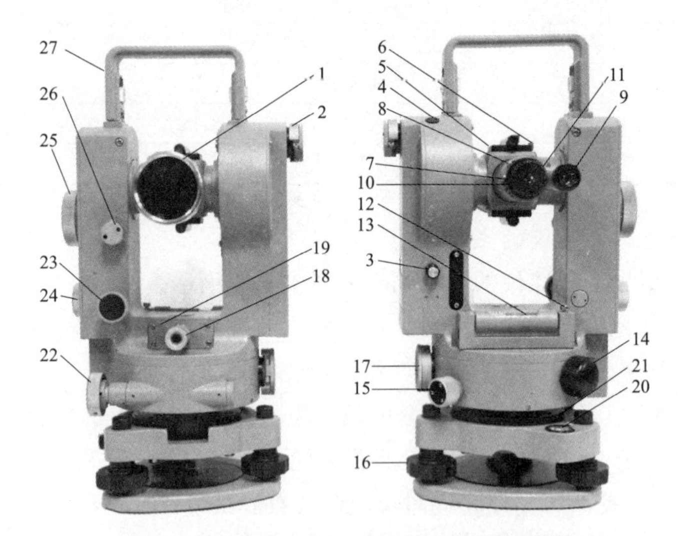

图 1-1-8　新款 J2 型光学经纬仪的主要结构

1—望远镜物镜；2—竖直度盘照明反光镜；3—按钮；4—调校指标差堵孔钉；5—光学粗瞄准器；
6—望远镜反光拨杆；7—卡环；8—调节螺丝；9—读数显微目镜；10—望远镜目镜；11—望远镜调焦手轮；
12—长水准器调螺钉；13—长水准器；14—换盘手轮及护盖；15—望远镜制动手轮；16—脚螺旋；
17—水平度盘照明反光镜；18—光学对点器；19—水平度盘转像组盖板；20—圆水准器；
21—圆水准器调正螺钉；22—望远镜水平微动手轮；23—望远镜垂直微动手轮；
24—换像手轮；25—测微手轮；26—水平制动手轮；27—仪器提手

4. J2 型光学经纬仪的读数设备

J2 型光学经纬仪读数比较复杂，但其精度很高，可以直接读到 1″。

（1）读数符合方法。转动测微螺旋，读数显微镜内见到度盘上下两部分影像相对移动，直到上下格线精确符合为止，这时读数窗内已显示出度、分、秒。当符合时，必须尽可能地小心正确，因为其直接影响读数的精度。

（2）读数方法：

1）老款 J2 型光学经纬仪读数方法：度数为上左或中间的数字，整10′是上左下右相对180° 所夹的格数，分、秒读数与新款 J2 型光学经纬仪读数方法一致。如图 1–1–9 所示，62° 与 242° 相对180°，63° 与 243° 也相对180°，但63° 与 243° 不符合上左下右相对180° 原则，所以该度盘正确读数为62°25′53″。

2）新款 J2 型光学经纬仪读数方法：整度数由上窗中央或偏左的数字读得；上窗中小框内的数字为整 10′；余下的分、秒从左边的小窗内读得。小窗左边的数字为分，右边的数字乘 10″，再数到指标线的格数即秒数。度盘上读数加上测微器上读数之和即为全部的读数。如图 1–1–10 所示，度盘读数为 171°59′26″。

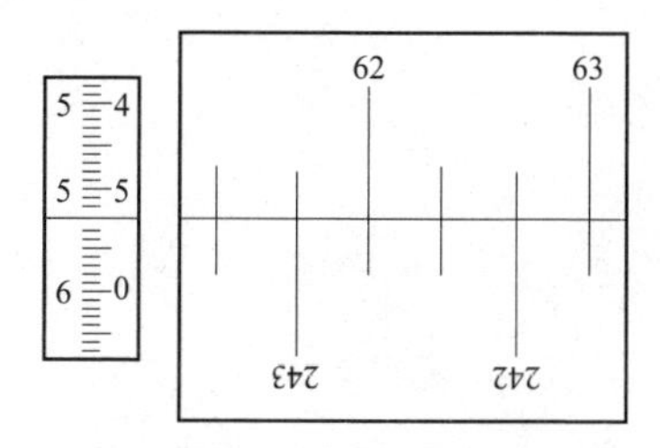

图 1–1–9　老款度盘读数

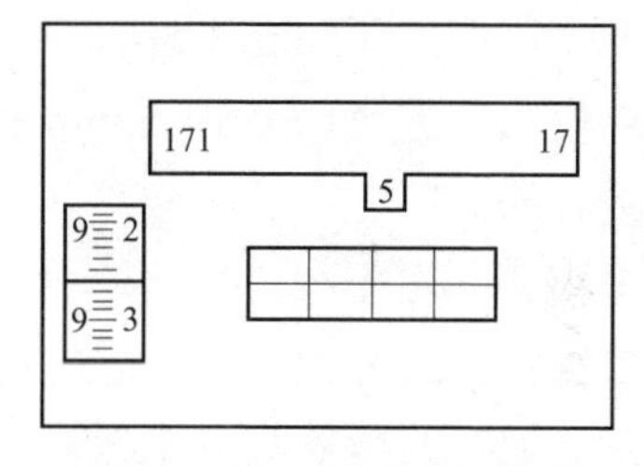

图 1–1–10　新款度盘读数

（3）度盘读数实际问题：

测角度时，调节测微螺旋使上下各线重合，但有时无论怎样调节测微螺旋，就是不能对齐各线。这是因为在调测微螺旋之前，没有将垂直指标反光镜中两半圆气泡调重合。所以，每测量一个新目标，都必须先调整垂直指标反光镜中两半圆气泡重合，新款仪器有一个自动安平按扭，按住 5s 即可使气泡重合。

读角度时，有可能在小窗口中会同时出现两个数字，到底取哪个数字，应根据下一级数字（左边分划板数字）判定。原则是：左边分划板数字较大（如 8、9），对应小窗口小数字；若左边分划板数字较小（如 0、1），则对应小窗口大数字。

读角度时，如果读数显微镜中数字模糊，可调节读数显微镜目镜和对应的度盘反光镜；若光线较暗，可采用仪器配置的照明装置增加亮度。

三、DCH2 红外测距仪

图 1–1–11（a）所示是苏州第一光学仪器厂生产的 DCH2 红外测距仪，它是安装在 J2 型经纬仪上的一个测距装置，一般向厂家成套购买或由厂家改装，它必须与 J2 型经纬仪联合使用。它适用于通视条件较差的地段，其测量精度比光学经纬仪高得多，但仪器观测值是两点间的倾斜距离，仍需从经纬仪上读出垂直角，然后按三角公式求出水平距离及高差。

1. 主要技术指标

（1）测程：

单棱镜：一般大气条件 1.6km，良好大气条件 2.2km；

三棱镜：一般大气条件 2.2km，良好大气条件 3km。

一般大气条件是指薄雾、微弱阳光，能见度约 15km。良好大气条件是指无雾、阴天，能见度约 30km。

（2）标准偏差：

标准模式：±（5mm + 5ppm・D）

跟踪模式：±（10mm±5ppm・D）

测量时间：

标准模式：4S

跟踪模式：0.8S

显示方式：八位液晶显示器

最大显示距离：48 999.999m

（3）分辨率：

标准模式 1mm

跟踪模式 10mm

功耗：4W

仰俯范围：±30°

使用温度范围：–10～+45℃

2. 主要结构

DCH2 红外测距仪的主要结构包括主机操作系统、蓄电池组和反光镜。

3. 操作方法

（1）安置仪器。在观测站放好经纬仪，在经纬仪上安上测距仪，进行对中、整平。目标点安置反光镜（棱镜）。用光学经纬仪上的望远镜瞄准反光镜（棱镜）中心。

（2）操作键说明。操作键在望远镜目镜一侧，其排列如图 1–1–11（b）所示。各键均为双功能键，分为上档键和下档键，上档键为第一功能键，下档键为第二功能键。各键含义如表 1–1–4 所示。

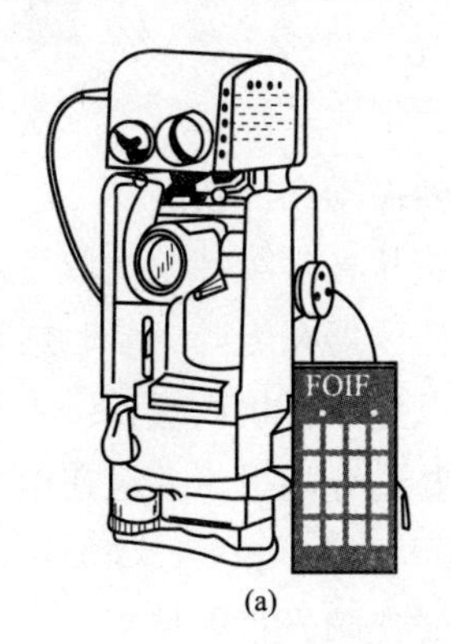

(a)

TEST	DIST	TRK	CONT
ppm ○	+ ○	− ○	ENT○

(b)

图 1–1–11　DCH2 红外测距仪

（a）外观图；（b）操作键示意图

表 1–1–4　　　　**操 作 键 含 义**

功 能 键	键　名	含　义
上挡键	TEST	检测
	DIST	单次测距
	TRK	跟踪测距
	CONT	连续测距
下挡键	ppm	气象改正，转换
	+	加数
	−	减数
	ENT	置入

注　TEST 键按单次为上挡键，此时，其余各键均处于上挡键状态；TEST 键按双次为下挡键，此时，其余各键均处于下挡键状态。

（3）用主机电缆将主机与电池盒连接，接通电源开关，测距仪进行自检。自检正常，显示“OK”后即可以进行检测和各种测距操作。

（4）气象修正。气象修正公式为

$$\Delta D = 274.27 - 0.290\,5P/(1 + 0.003\,661t) \qquad (1\text{-}1\text{-}1)$$

式中 P——大气压，MPa；

t——气温，℃；

ΔD——每千米气象修正值，即 ppm 值。

将ΔD置入仪器，可自动对测距值进行气象修正。

基准气象条件：大气压 1013.3MPa，气温 20℃。

4. 注意事项

（1）使用测距仪时，应十分小心，避免剧烈振动和冲击。

（2）在测量现场需迁移测站时，应把测距头从光学经纬仪上取下。

（3）在炎热天气或雨天作业时，注意不要让仪器在太阳下暴晒或被雨淋。

（4）注意不要把测距头望远镜对准太阳，以免损坏机内器件。

（5）为了延长电池寿命，应注意使用时不要过分耗尽，并应在电量充足的状态下保存测距仪。

（6）为了能够在阳光下测得最远距离，不要让阳光直射棱镜。

（7）当被测距离短于 100m 时，在发射物镜上需加装减光罩。

第三节 经纬仪的架设

架设仪器是指仪器的对中与整平。在观测角度及读视距时需用望远镜瞄准目标，因此对中、整平和瞄准是使用经纬仪的基础，必须熟练掌握。悬垂球经纬仪与光学对中器经纬仪的架设方法略有不同，分别介绍如下。

一、悬垂球经纬仪的架设

（1）松开三脚架升降螺旋，张开三脚立在测站点上，使高低适中（一般为齐胸），架头尽量保持水平。

（2）悬垂球初步对中，将三脚架尖端踩入土中，旋紧 3 个升降螺旋，固定三脚架。

（3）将仪器置于三脚架上，用中心螺旋固定。

（4）调节 3 只脚架升降螺旋（在泥土地可踩 3 只脚架踏板），使圆水准器气泡居中。

（5）检查悬垂球尖端是否对准测站点，若有误差，可轻轻旋松中心固定螺旋，移动仪器基座使其准确地对准测站点，然后旋紧中心螺旋。

（6）利用 3 只底脚螺旋将仪器调平。调平方法：转动仪器使长水准器与任意 2 只底脚螺旋连线平行，如图 1–1–12（a）所示。两手同时向内（或向外）旋转底脚螺旋，使气泡居中。气泡运动的方向总是与左手大拇指转动底脚螺旋方向相同。再将仪器水平转 90°，旋转另一只底脚螺旋，使气泡居中，如此反复进行，直到仪器处于任何位置时气泡都居中为止，如图 1–1–12（b）所示。

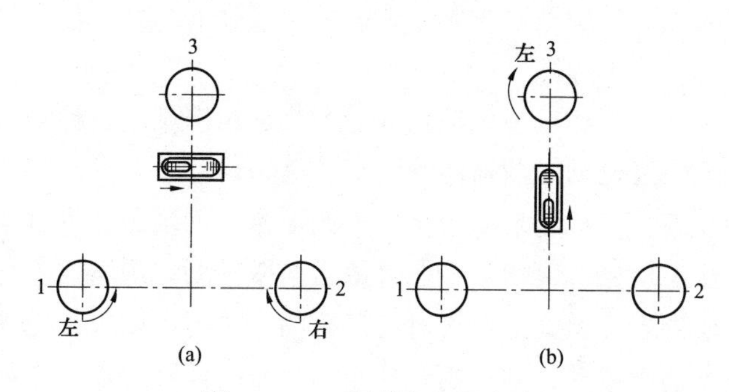

图 1–1–12　经纬仪调平方法

（a）长水准器与 2 只底脚螺旋平行；（b）仪器水平转 90° 调平

二、光学对中器经纬仪的架设

（1）旋松 3 只脚架升降螺旋，使其高度齐胸并旋紧。将三脚架立在测站点上，架尖在地面上基本呈 60～70cm 的等边三角形，将仪器置于三脚架上并用中心螺旋固定。

（2）将一只脚架尖踩入土中，另两只脚架由两手撑浮，眼睛盯住光学对中器，观测者一只脚抬浮在测站标桩上方来回晃动，使自己尽快在视场内发现标桩，并使仪器尽量对中标桩，然后轻轻放下两脚架，该步骤称为“粗对中”。调节光学对中器应注意两点：① 旋转光学对中器目镜，使对中器中的两圆圈最清晰；② 由于仪器脚架高度不同，导致焦距不同，调节方法是先将光学对中器往外拉，然后轻轻向里推，直至地面标桩上的小铁钉最清晰为止。“粗对中”的目的是将光学对中器中的圆圈套住地面标桩上的小铁钉。

（3）利用踩三脚架踏板或调节脚架升降螺旋，使圆水准器中气泡大致居中。该步骤称为“粗整平”。

（4）检查光学对中器对中情况，若有偏差，略松中心固定螺旋，平行移动仪器底座，使仪器中心完全对准测站中心目标，然后再将中心螺旋旋紧。该步骤称为“细对中”。

（5）利用 3 只底脚螺旋在相互垂直的方向调整长水准器，直到仪器旋转至任意方向时都处于水平位置为此。该步骤称为“细整平”。

（6）再次检查对中情况，若还有偏差，则重复步骤4和步骤5，直至对中、整平完全符合。

三、经纬仪的对光瞄准

1. 对光

（1）目镜对光。将望远镜对向天空或某一明亮的物体，转动目镜使十字丝最清晰。

（2）物镜对光。将望远镜照准目标，调节调焦螺旋使目标物象落在十字丝平面上，从目镜中可以同时清晰地看到十字丝和目标。

（3）清除视差。目标物象与十字丝平面不重合的现象称为视差。为了检查仪器是否存在视差现象，可使眼睛在目镜后稍微晃动，观察物象与十字丝是否有相对移动。如果十字丝交点始终对着目标同一位置，则表示无视差；若发现物象随眼睛的晃动而移动，则说明有视差。视差的消除方法是重新仔细地进行物镜对光，若仍不能消除，则表示目镜对光仍不十分正确，应重新对目标进行对光，如此反复进行，直到完全消除视差为止。

2. 瞄准

观测时，先用望远镜缺口及准星（光学粗瞄准器）粗略地瞄准目标，然后进行目镜、物镜对光，调节水平位置和垂直位置的制动螺旋与微动螺旋，使十字丝中心精确地瞄准目标。瞄准目标用十字丝单丝为好。

3. 精平及读数

观测时，望远镜瞄准目标后，必须在确保仪器精平的情况下才能读数，否则将影响观测的精度。因此，读数时必须保证水平度盘水准管气泡在观测的各个方向都居中，竖盘游标水准管气泡居中（新款仪器按按钮 5s），才能读取水平度盘、竖直度盘及相应的读数。

第二章

基 本 测 量

第一节 角 度 测 量

在各种工程测量中，水平角及垂直角的测量是最基本的工作。例如，在线路的转角点必须进行水平角测量，以便进行转角杆塔设计。线路与其他架空线交叉时，必须测出被交叉点的标高，以便设计时选择杆塔高度。为了测定被交叉点的标高，必须进行垂直角测量。

一、水平角测量

输电线路转角的水平角，一般为线路前进方向的右侧角度，如图 1–2–1 所示中的β角，测量该角度最准确的方法是“方向法一测回”。

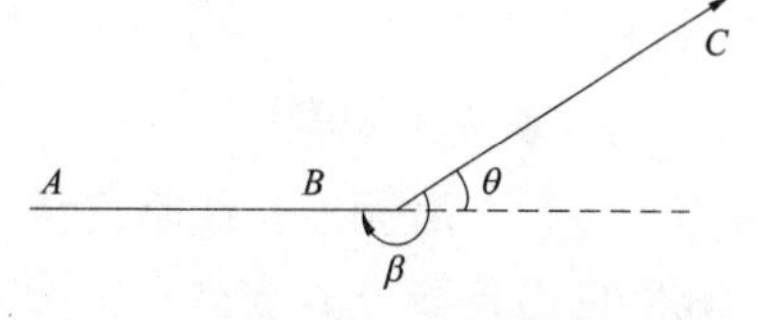

图 1–2–1　水平角测量

1. 方向法一测回步骤

（1）在转角点 B 安置仪器，A、C 点竖立花杆。

（2）前半测回：正镜瞄准线路前视 C 点，固定水平度盘，读出水平角读数 C_1。旋松水平度盘，顺时针方向转动水平度盘。瞄准线路后视 A 点，固定水平度盘，读出水平角读数 A_1，则水平角$\beta_1= A_1-C_1$，若 $C_1>A_1$，则表明指标在读数时超过一次 0°（360°），所以应把 A_1 的读数先加 360°，然后再减去 C_1，即 $\beta_1= A_1 + 360° -C_1$。

（3）后半测回：翻转望远镜，旋松水平度盘，回转仪器瞄准后视 A 点，固定水平度盘，读出水平角读数 A_2。旋松水平度盘，顺时针方向转动水平度盘，瞄准线路前视 C 点，读出水平角读数 C_2，则后半测回水平角$\beta_2= A_2-C_2$。

（4）比较前半测回与后半测回水平角度之差，若误差绝对值小于经纬仪最小读数的 1.5 倍，则符合要求，取平均值 $\beta=(\beta_1+\beta_2)/2$ 作为该水平角的结果，否则应重测。

（5）线路的实际转角均指上述方法测得的 β 与 180° 之差。当 β ＞180° 时，线路实际转角 $\theta=\beta-180°$ 为左转；当 β<180° 时，线路实际转角 $\theta=\beta-180°$ 为右转。

2. 方向法一测回的简单记忆方法（“瞄、转、翻、算”四个字）

（1）瞄：前半测回先瞄准前视，后半测回先瞄准后视。

（2）转：水平度盘转动方向均应按顺时针方向旋转。

（3）翻：在前半测回与后半测回交界处应翻转望远镜。

（4）算：水平角计算始终是后视读数减前视读数，即 $\beta=A-C$，若 $C>A$，则 $\beta=A+360°-C$。

方向法一测回测量水平角可消除仪器误差，提高了观测精度和质量。

二、垂直角测量

1. 垂直角定义

仪器视准轴与水平线之间的夹角称为垂直角。测量两点间平距与高差时需用到垂直角。当视线向上观测为仰角，取正；向下观测为俯角，取负。实际应用中垂直角的大小及正负不必考虑视线向上或向下观测，有标准计算公式可以套用。

2. 垂直角测量

（1）一般测点。线路测量中一般测点（准确度要求不太高的点）的垂直角测量只需正镜（或倒镜）一次读数便可。方法：仪器置于测站点 A，使望远镜的视准轴（中间横丝）（以下简称望远镜中丝）对准被测点 B，调节好垂直指标微动螺旋（按钮），即可读取垂直角读数，如图 1–2–2 所示。

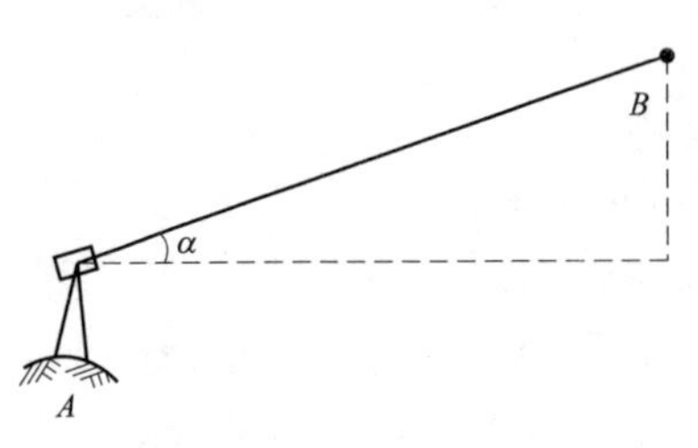

图 1–2–2　垂直角测量

（2）重要测点。线路测量中的定线点、交叉跨越点等为重要测点，其垂直角测量应采用正倒镜一测回观测。方法是：仪器置于测站点 A，望远镜中丝对准被测点 B，调节好垂直指标微动螺旋（按钮），读取垂直角读数 φ_1，此即前半测回；翻转望远镜，使望远镜中丝再对准被测点 B，同样读取垂直角读数 φ_2，此即后半测回。最后，取前半测回与后半测回垂直角读数的平均值作为该测点的垂直角结果。

3. 垂直角计算

垂直度盘大多数是全圆式或天顶距式，刻度以顺时针或逆时针方向增加，一般以顺时针方向增加较多，如图 1–2–3 所示。

（1）垂直角度换算。由图 1–2–3 可以看出，当仪器视线水平时，垂直角度应为 0°，但垂直度盘上显示读数为 90°（或 270°），所以实际垂直角度与垂直角读数之间必然存在一个换算关系：① 垂直角读数为 0°～180°（90° 附近）时，实际垂直角α= 90° –垂直角读数；② 垂直角读数为 180°～360°（270° 附近）时，实际垂直角α= 垂直角读数–270°；③ 已知实际垂直角求垂直角读数，此时有两种结果，第一种是垂直角读数=90° –α，第二种是垂直角读数=270° + α。

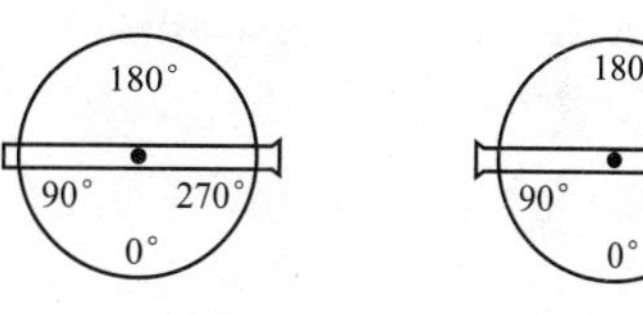

图 1–2–3　垂直度盘

（2）垂直角度换算示例。

【例 1–2–1】 已知垂直角读数分别为$\varphi_1 = 78°23'$，$\varphi_2 = 296°52'$，$\varphi_3 = 103°12'$，$\varphi_4 = 258°09'$，试求各实际垂直角度。

解：实际垂直角度为

$$\alpha_1 = 90° - \varphi_1 = 90° - 78°23' = 11°37'\text{（仰角）}$$
$$\alpha_2 = \varphi_2 - 270° = 296°52' - 270° = 26°52'\text{（仰角）}$$
$$\alpha_3 = 90° - \varphi_3 = 90° - 103°12' = -13°12'\text{（俯角）}$$
$$\alpha_4 = \varphi_4 - 270° = 258°09' - 270° = -11°51'\text{（俯角）}$$

【例 1–2–2】 已知一实际垂直角为 5° 18′，求垂直角读数。

解：读数有两个，分别为

$$\varphi_1 = 90° - \alpha = 90° - 5°18' = 84°42'$$
$$\varphi_2 = 270° + \alpha = 270° + 5°18' = 275°18'$$

由以上例题可得出结论：① 已知一个垂直角读数φ，可通过计算求得一个实际垂直角度α；② 已知一个实际垂直角α，可通过计算求得两个垂直角读数φ_1与φ_2。

第二节　视　距　测　量

视距测量是一种综合性的测量，视距测量把测量平距和高差（高程）合并进行，有很大的灵活性，对于平地、丘陵及山区均适用。视距测量的优点是速度快，并能达到一定精度，因此在输配电线路测量中被广泛应用。

一、预备知识

1. 十字丝与视距丝

视距测量中所用的经纬仪称为视距经纬仪，其在望远镜的十字丝上装有 2

根与横丝等距且平行的短横丝，如图 1–2–4 所示，这种短横丝称为视距丝。3 根横丝之间的关系：上丝与中丝间距等于中丝与下丝间距，即上下丝间距等于两倍的上丝与中丝间距（或中丝与下丝间距）。

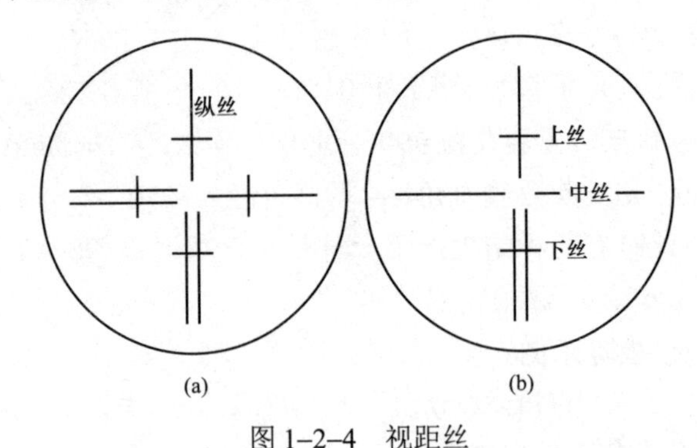

图 1–2–4　视距丝

（a）纵横向双丝型；（b）纵向双丝型

2. 塔尺

塔尺（视距尺）由木质、玻璃钢、铝合金等材料自下而上多节组成。塔尺可根据距离的远近伸缩，总长度为 5m，即上下丝间距最大为 5m。塔尺最小刻度有 1、5、10、20mm 四种，可根据需要选用。

二、水平视距法测量水平距离

视线水平时测量两点之间的水平距离的方法称为水平视距法，如图 1–2–5 所示。

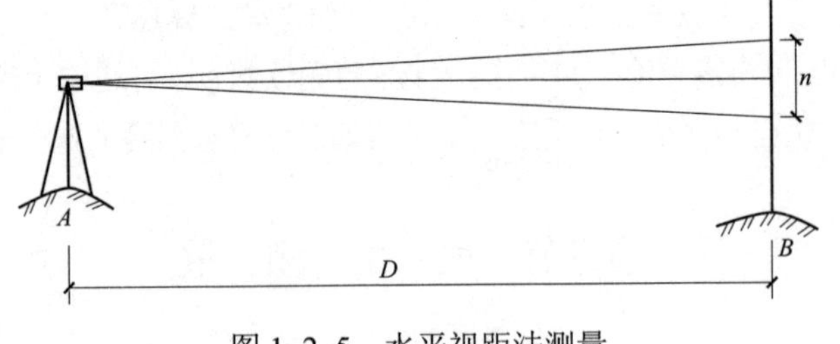

图 1–2–5　水平视距法测量

1. 计算公式

水平视距的计算公式为

$$D=kn \tag{1–2–1}$$

式中　D——A、B 两点之间水平距离，m；

n——望远镜内上、下丝在塔尺上所截间距，应保留小数到毫米，m；

k——仪器视距乘常数，一般仪器均为 100。

从式（1–2–1）可看出，上、下丝在塔尺上所截间距 n 越大，则水平距离越大，反之，越小。

2. 测量方法

仪器置于测站点 A，在测站点 B 竖立塔尺，使仪器对准 B 点塔尺，并调节垂直角为 0°，即垂直度盘读数为 90° 或 270°；读出上下丝在塔尺上所截间距 n，代入式（1–2–1）求得 D 值。

3. 存在问题

水平视距法测量时，要求仪器视线水平，则 3 条横丝在塔尺上所截数字肯定不会是整数，因此读数较复杂。所以，在实际测量中，即使地面平坦，一般也不采用水平视距法，而是将望远镜中丝瞄准一整数，即采用倾斜视距法测量。

三、倾斜视距法测量水平距离、高差和高程

视线倾斜时测量两点之间的水平距离的方法称为倾斜视距法，如图 1–2–6 所示。

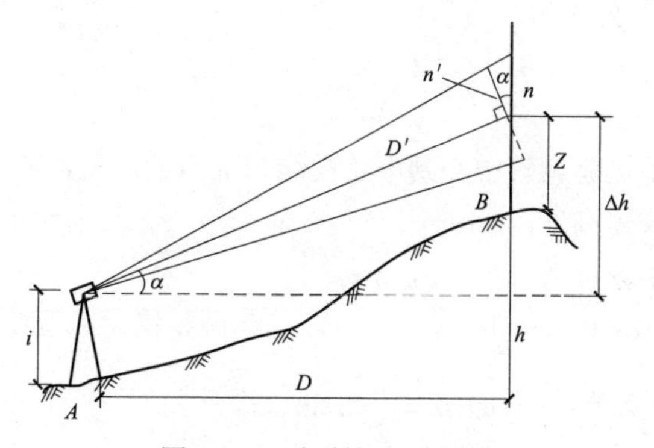

图 1–2–6　倾斜视距法测量

1. 水平距离计算公式

由图 1–2–6 可知：

$$D=D'\cos\alpha$$

而

$$D'=kn'\text{（根据水平视距法）}$$

又因为

$$n'=n\cos\alpha$$

所以水平距离的计算公式为

$$D = kn\cos^2\alpha \qquad (1\text{–}2\text{–}2)$$

式中　n——意义同式（1–2–1）；

n'——换算成与仪器视线垂直时的上下丝间距，m；

D'——仪器视线距离（斜距），m；

D——意义同式（1–2–1）；

α——垂直角度（可正负），°。

2. 高差计算公式

由图 1–2–6 可知

$$h = \Delta h + i - Z$$

而

$$\begin{aligned}\Delta h &= D\tan\alpha \\ &= kn\cos^2\alpha\tan\alpha \\ &= \frac{1}{2}kn\sin 2\alpha\end{aligned}$$

所以高差计算公式为

$$h = \frac{1}{2}kn\sin 2\alpha + i - Z \qquad (1\text{–}2\text{–}3)$$

式中　Δh——望远镜旋转中心到中丝视线照准点的高差，称为始标高差，m；

i——仪器高度，m；

Z——中丝读数（截尺），m。

若垂直角度 $\alpha = 0°$，则高差 $h = i - Z$；若调整仪器高度使其与中丝读数相等，即 $i = Z$，则高差 $h = D\tan\alpha = \frac{1}{2}kn\sin 2\alpha$。

3. 高程计算与测量

高差只能表示两点之间的高低关系，而高程（海拔高）可以表示某一点的相对高度，一般线路测量均以国家标准高程来表示。

（1）高程计算公式。如图 1–2–6 所示，若已知测站点 A 高程 H_A 及两点间高差 h，则测站点 B 的高程为

$$H_B = H_A + h \qquad (1\text{–}2\text{–}4)$$

若已知测站点 B 高程 H_B 及两点间高差 h，则测站点 A 高程为

$$H_A = H_B - h \qquad (1\text{–}2\text{–}4)'$$

式中 h 由式（1–2–3）求得。

（2）测量方法。仪器置于测站点 A，在被测点 B 竖立塔尺。望远镜中丝瞄准 B 点塔尺上一整数，读出上下丝间距及垂直角读数，代入相应公式，分别求得水平距离、高差和高程。

4. 测量举例

【例 1–2–3】 如图 1–2–7 所示，已知从 A 点测量 B 点时，上丝读数为 4.65m，中丝读数为 3.80m，下丝读数为 2.95m，垂直角读数为 105° 12′，仪器高度为 1.50m，测站高程 H_A 为 100m，试求两点间水平距离、高差及测点高程。

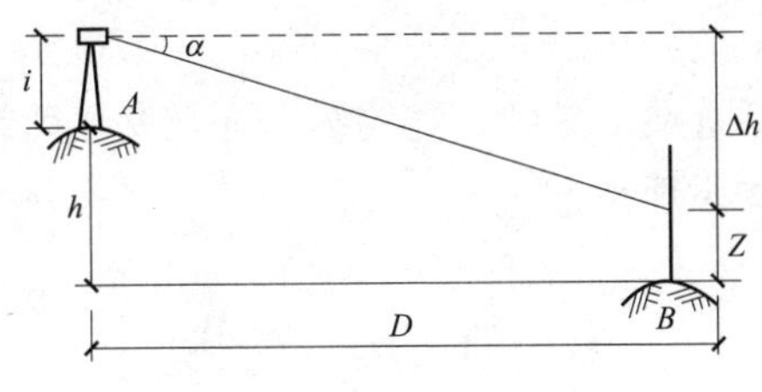

图 1–2–7　测量举例

解：（1）求两点间水平距离。

上下丝间隔：

$$n=\text{上丝}-\text{下丝}$$
$$=4.65-2.95=1.70\text{（m）}$$

实际垂直角：

$$\alpha=90°-105°\,12'=-15°\,12'$$

则两点间水平距离为

$$D=kn\cos^2\alpha$$
$$=100\times1.70\cos^2(-15°\,12')$$
$$=158.3\text{（m）}$$

（2）求两点间高差。

$$h=D\tan\alpha+i-Z$$
$$=158.3\times\tan(-15°\,12')+1.5-3.8$$
$$=-43.01+1.50-3.80=-45.31\text{（m）}$$

h 为负值，表示测点比测站低。

（3）求测点高程。

$$H_B=H_A+h$$
$$=100+(-45.31)$$
$$=54.69\text{（m）}$$

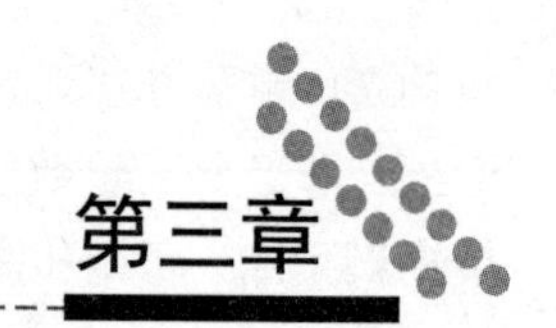

线路设计测量

线路设计测量包括选线、定线、线路纵断面及交叉跨越等测量，本章将介绍线路设计测量的基本原理和方法。

第一节　选　线

根据上级部门批准的工程任务书的要求，在线路正式测量之前首先应做好室内选线、踏勘、资料收集、室外选线等工作。

1. 室内选线

根据线路起讫点，向所经地区的有关部门索取地形图，地形图比例约1/25 000 或 1/10 000。用透明纸描下有关地段的地形地貌，根据对地形地貌的判断，至少确定两个线路路经方案，以做经济、技术比较。

2. 踏勘及资料收集

根据室内地形图上所确定的路径，到实地察看线路主要控制点，即线路起讫点、转角点、主要直线点等，同时需要收集以下资料。

（1）收集电力系统的线路电压等级、回路数、导线牌号、线路的起讫点和中途拟引入的变电站位置及其出线方向等资料。

（2）向邮电、铁路、军事等有关单位和部门收集、了解沿线附近已建或拟建的电信线路的位置和性质，以便计算输配电线路对电信线路的危害和影响。

（3）根据室内选线的初步路径方案，进行大地导电率的测量，并收集沿线附近已运行输配电线路曾经测量的大地导电率数值。

（4）收集铁路远景和近期发展的规划、铁路的路径、沿线车站及编组站的位置、铁路通信信号线的位置和使用特性。

（5）了解沿线城市和当地的发展规划及其对线路路径的要求。

（6）根据室内选线的路径方案，收集沿线的水文资料，对跨越的河流应收集五年一遇的洪水淹没范围及30～50年间河岸冲刷变迁情况。

（7）收集通航河流的通航情况，对通航河流应收集五年一遇洪水位。收集最高航行水位及最高航行水位时的最高船桅顶高度，对不通航的河流应收集百年一遇的洪水位及冬季结冰情况。

（8）收集、了解沿线河流规划改道整治情况。

（9）收集沿线坐标点位置、标高和坐标值，以便线路与其联系。

（10）收集、了解沿线附近已建输配电线路的原始档案资料，包括线路电压、回路数、线路走向、交叉跨越情况、沿线气象资料、地质水文资料、对电信线路的影响及其保护措施等。

（11）向运行单位收集沿线已运行线路的情况，以便参考。

踏勘及收集资料时不必带经纬仪，只需带望远镜即可。踏勘结束后应根据实地情况及所收集资料，对室内所选路径加以修正。

3. 室外选线

根据修正后的路径方案，用经纬仪将线路走向以标桩的形式在地面上大致确定下来。选线只需确定走向而不读数，并且标桩上不打钉，以给后面的定线测量留有裕度。室外选线所确定的主要桩位包括线路起讫点、转角点、直线段上主要控制点。

第二节　定　线　测　量

定线测量根据选线所确定的路径和目标，将线路路径落实到地面上，并每隔一定的距离在地面上标定一个方向桩，方向桩应按顺序编号，同时测出各方向桩的高程和方向桩间的水平距离，以及转角点的转角度数。定线测量为后面的断面测量提供方向桩之间的水平距离、高程和转角等数据，并以此作为断面测量的控制数据。定线测量时应根据障碍物的多少，地形复杂情况灵活机动地选择最合适的测量方法。常用的定线方法有下列几种。

一、前视法（延伸法）定线

如图1–3–1所示，已知直线*AB*，若要延长直线*AB*，可将经纬仪架设在*A*点，在*B*点竖立花杆。将望远镜瞄准前视*B*点，固定水平度盘，由司仪人通过望远镜指挥前视方向到合适位置，定出一点*C*。以同样的方法可在前视方向确定*D*、*E*等各点。前视法定直线最准确，但若直线方向遇到地形高差较大的情况或障碍物时，此方法不能使用。

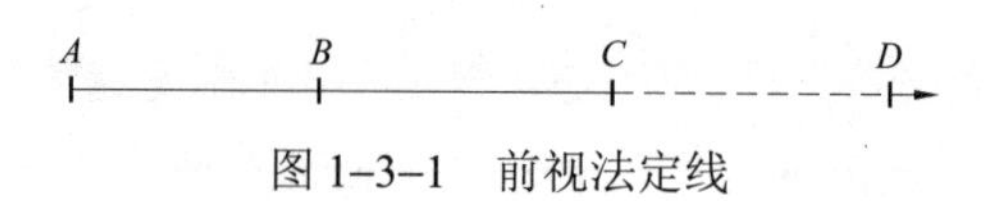

图 1–3–1　前视法定线

二、中分法（重转法）定线

如图 1–3–2 所示，已知直线 AB，若从 B 点延长直线 AB，可将经纬仪架设在 B 点，在 A 点竖立花杆；正镜瞄准后视 A 点，固定水平度盘，翻转望远镜在前视方向定出一点 C_1；然后旋松水平度盘，回转仪器再瞄准后视 A 点，固定水平度盘，再次翻转望远镜，在前视方向定出一点 C_2。若仪器视准轴与水平轴没有误差，则 C_1、C_2 两点应重合；若 C_1、C_2 两点不重合，则表示仪器及操作有误差，若误差在允许范围之内，则可确定 C_1、C_2 连线的中点 C（C_1、C_2 连线必须与线路垂直），在 C 点竖立花杆，并指挥仪器对准花杆，然后在 C 点打标桩，通过望远镜视线与花杆配合在标桩上确定 C 点并打铁钉，再在铁钉上竖立花杆，检查、复核铁钉的准确性。这样即可在地面上完全确定 AB 延长线上的 C 点。

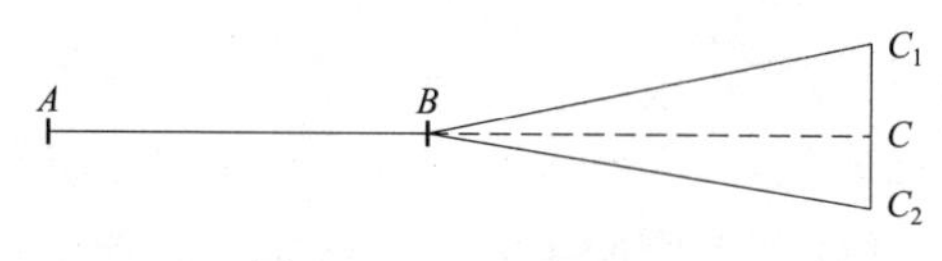

图 1–3–2　中分法定线

定线测量时，两方向桩之间的距离一般不宜超过 400m，若受地形限制时，可视具体情况确定。方向桩的位置应选在便于仪器的设置和观测，同时又不容易损坏丢失的地方，以方便将来施工定位时查找。方向桩一般宜选在山冈、路边、沟边、树林、坟地等非耕种地带。

三、绕障法定线

在定线测量时，若线路上遇到障碍物（如临时建筑物等），并且在障碍物上不能架设仪器及设立标志的情况时，通常采用绕障法定线。绕障法定线有矩形绕障法定线和三角形绕障法定线两种。

1. 矩形绕障法定线

如图 1–3–3 所示，为了保证直线前进方向不变，要求 $BC=ED$，并且应该用钢皮尺反复丈量，而 CD 边长可用经纬仪测量。转角度时应严格保证 $\angle B = \angle C = \angle D = \angle E = 90°$。

矩形绕障法定线的测量步骤：仪器置于线路前进方向 B 点，先瞄准后视 A 点，水平度盘转 90°，在此方向确定一合适点 C，量取距离 BC（最好为整数）。将仪器移至 C 点，瞄准 B 点，水平度盘转 90°，在此方向确定一合适点 D（距

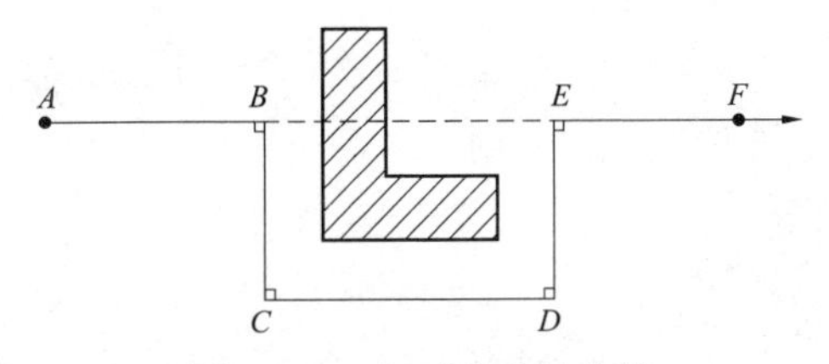

图 1–3–3　矩形绕障法定线

离大于建筑物长度)，用仪器测量水平距离 *CD*。再将仪器移至 *D* 点，瞄准 *C* 点，水平度盘转 90°，在此方向确定一合适点 *E*（距离等于 *BC* 值)。再将仪器移至 *E* 点，瞄准 *D* 点，水平度盘转 90°，在此方向确定一合适点 *F*，则 *EF* 就是 *AB* 的延伸线，由 *EF* 直线又可用中分法向前定线。

矩形绕障法定线的优点是操作比较直观，但由于架设仪器的次数较多，相应的误差也增大，所以在实际测量中，一般采用三角形绕障法定线。

2. 三角形绕障法定线

三角形绕障法定线可采用等边三角形或等腰三角形两种，由于等边三角形操作与计算比较简便，因此在现场测量中首选等边三角形绕障。

如图 1–3–4 所示，*AB* 延长线被障碍物挡住，可在 *B* 点架设仪器，镜筒瞄准后视 *A* 点，水平度盘转 120°，在此方向确定一合适点 *C*(要求 *BC* 大于 20m)。然后仪器移至 *C* 点，瞄准后视 *B* 点，水平度盘转 60°，在此方向确定一合适点 *D*，使 *CD*=*BC*。再把仪器移至 *D* 点，瞄准后视 *C* 点，水平度盘转 120°，在此方向确定 *DE*，则 *DE* 就是 *AB* 的延长线，由 *DE* 方向可继续向前延伸。

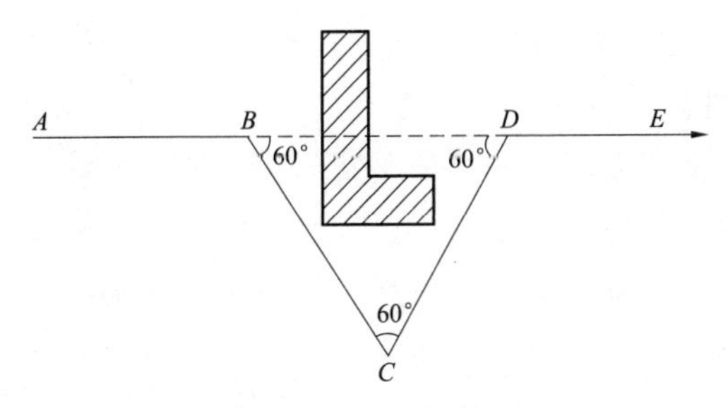

图 1–3–4　等边三角形绕障

使用等边三角形绕障时应注意：

（1）测量∠*B*、∠*C*、∠*D* 时，其角度应十分准确。

（2）用钢皮尺反复丈量 *BC* 与 *CD* 的距离，并使 *BC*=*CD*，且不小于 20m 为宜。

（3）直线 *AB* 上的距离：*BD*=*BC*=*CD*。

三角形绕障法比矩形绕障法少架设一次仪器，因此误差也相应减少，同时又节省时间，所以测量时应优先采用。

四、趋近法定线

1. 适用场合

趋近法定线适用于 A、B 两个固定点之间不通视，但是能在 A、B 连线上选出一点 C，使 C 与 A、B 通视的地带，如图 1–3–5 所示。

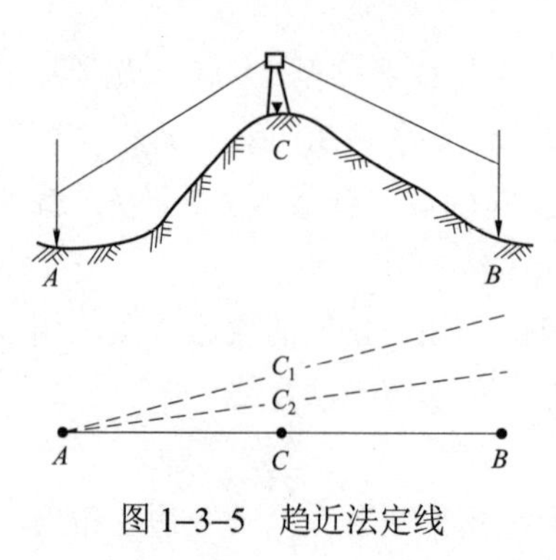

图 1–3–5　趋近法定线

2. 测量方法

先在 A、B 两个固定点竖立花杆，并在 A、B 两点的中间地带（制高点）确定一点 C_1，C_1 点应均能看到 A、B 两点。在 C_1 点架设仪器，镜筒瞄准 A 点，固定水平度盘，翻转望远镜检查视线是否瞄准 B 点。若未瞄准，则应判断仪器该移动的方向及距离，再在 C_2 点架设仪器。以同样的方法移动仪器，直到 A、B、C 三点在同一直线上。但在实际操作中不易做到，因此一般只要求水平角 $\angle ACB$ 与 180° 之差的绝对值小于 1.5′，就算 C 点满足要求。

3. 架设仪器的特点

架设仪器一般指整平与对中，但趋近法定线架设仪器的中点未知，所以架设仪器只需要整平即可，这样架设仪器的速度较快。当 C 点确定后，再利用光学对中器（或悬垂球）在仪器底下打桩，钉铁钉。打桩时一定注意不能碰仪器。

五、坐标法定线

当线路穿越城镇规划区或拥挤地段时，转角的位置往往会提供坐标数据，并且已知附近控制点（导线点或三角点）的坐标数据，则根据已知点的坐标数据可以算出其方位和距离，并利用控制点测定线路转角桩的位置。

如图 1–3–6 所示，P_1、P_2 为已知控制点，J_1、J_2 为要测点。从图中可以看出，P_1 到 J_1 的方位角 γ 为

$$\gamma = \arctan\frac{y_1 - y}{x_1 - x} \tag{1–3–1}$$

式中　x_1、y_1 ——J_1 的坐标；

　　　x、y ——P_1 的坐标。

根据 P_1P_2 方位角 β 与 P_1J_1 方位角 γ，可以求得 P_1P_2 与 P_1J_1 之间的夹角 α 为

$$\alpha=\beta-\gamma \tag{1-3-2}$$

则 P_1 到 J_1 的距离 S 为

$$S=\frac{y_1-y}{\sin\gamma}=\frac{x_1-x}{\cos\gamma}=\sqrt{(x_1-x)^2+(y_1-y)^2} \tag{1-3-3}$$

定线时，将仪器置于 P_1 点，望远镜瞄准已知点 P_2，水平角转 α，在此方向量取距离 S，即可测定出 J_1 的位置。以同样方法可测定 J_2 及其他各点。

距离 S 采用钢皮尺进行往返测量，相对误差不大于 1/2000，距离 S 也可采用全站仪（光电测距）直接测量。角度 α、β 用测回法施测，其半测回之差不大于 $\pm1'$。

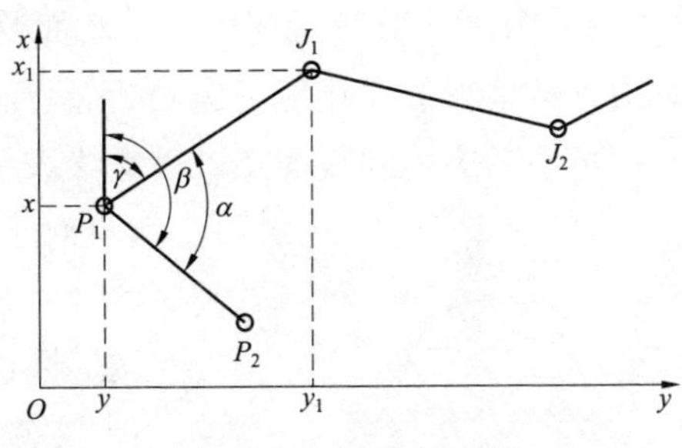

图 1–3–6　坐标法定线

第三节　平 断 面 测 量

输配电线路的设计测量成果主要是线路的平面图和断面图。为了排定杆位、计算土方、验算电气要求，必须进行线路中心线的纵断面、部分横断面的测量，以及线路中心线两侧带状平面的测量工作。在这些测量工作中都有水平角、垂直角、水平距离、高差和高程测量，应按前述内容选择合适的测量方法及计算公式。

一、平面测量

线路平面测量工作主要是对线路两侧各 20m 范围内的房屋、树木、道路、池塘、河流、电力线路、通信线路等相对位置进行平面测量，以供排定杆位时参考。对于不影响排定杆位的地物、地貌可不必实测，用目测构绘其平面图即可。

二、断面测量

线路断面测量包括纵断面测量、横断面测量及交叉跨越测量。

1. 线路纵断面测量

线路纵断面是排定杆位的主要依据。施测断面点时用经纬仪视距法测量。

（1）断面点的选择。断面点应选择在地形起伏变化较大的点，即断面点的选择以能控制主要地形变化为原则，具体包括：

1）对与线路交叉的通信线路、电力线路、水渠、冲沟、旱田、水田、果园、树林、坟地的边界等，都应施测断面点。

2）对丘陵、岗地、坡地都应施测断面点，丘陵地形虽起伏较小，但一般地段都能竖立杆塔，所以断面点不宜过少。

3）山区地形起伏变化大，断面测量时应全面考虑可能立塔的各个地段。对山顶按地形的变化应多施测断面点，而对山沟底部，因为对排定杆位影响较小，可不考虑施测断面点，以虚线表示即可，如图 1–3–7 所示。

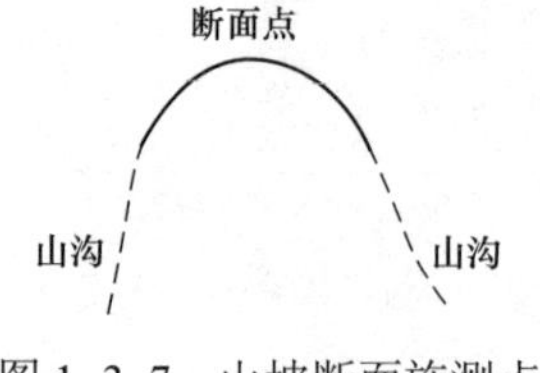

图 1–3–7　山坡断面施测点

4）对于跨河流处断面点应测到主河道水边及淹没区。

（2）断面点测量步骤：

1）在测站点架设仪器，量取仪器高度 i；

2）司尺员在线路方向地形起伏变化明显点（断面点）上竖立塔尺；

3）司仪人员指挥司尺员左右移动塔尺，使其位于线路中心线上，然后读取上、中、下三丝读数及垂直角读数；

4）按相应公式，求出各断面点的水平距离和高程；

5）根据比例，输电线路的比例尺一般为纵向 1:500、横向 1:5000，将各断面点的水平距离和高程绘制在图纸（密粒纸）上，即纵断面图，如图 1–3–8 所示。在城市规划区，往往档距比较小，且地形、地貌、交叉跨越较复杂，因此断面图绘制时一般要放大比例尺，采用纵向 1:200、横向 1:2000 的比例尺。

2. 线路横断面测量

（1）线路沿着坡度大于 1:5 的地形通过时，应测出施工基面及线路垂直横断面，横断面比例一般为 1:500，并应绘制横断面图。测量横断面的目的是方便计算导线风偏后与斜坡地面之间的距离。

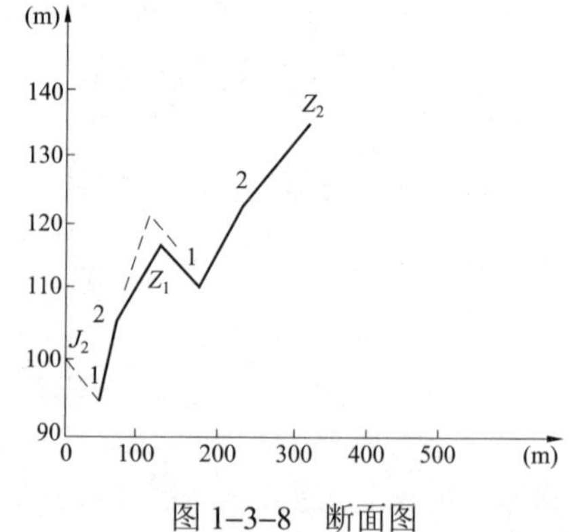

图 1–3–8　断面图

（2）边导线地面高出中心线地面 0.5m 时，应测出边线纵断面，边线宽度由电压等级和斜坡坡度确定。边线纵断面应表示在中心线纵断面图上，绘图时，左边线用虚线表示，右边线用点划线表示，线路中心线用实线表示，加以区别。边线纵断面测量是校核导线对地的电气安全距离之用。横断面边坡如图 1–3–9 所示。

3. 交叉跨越测量

线路跨越铁路、公路、河流、电力线路、通信线路及地上地下建筑物时，必须进行交叉跨越测量（以下简称交跨测量）。尤其是线路与电力线路、通信线路交叉时，不仅要测量被跨越点高度，而且要测量线路与电力线路、通信线路之间在平面上的交叉角。

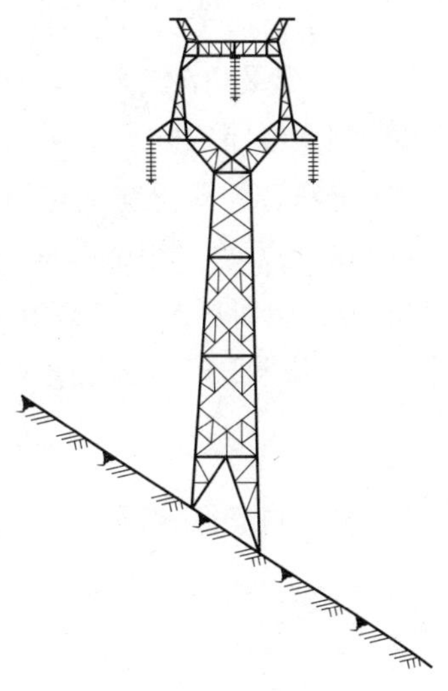

图 1–3–9　横断面边坡

（1）测量类型。

1）当交叉线路电压等级高于测量线路电压等级时，不管被跨线路架设得如何低，都应考虑在其下跨越。测量时应测量被交叉线路的下导线高程，如果下导线高程过低，难以跨越，则应考虑加高对方线路的两侧杆塔，或改变所测线路走向。

2）当交叉线路电压等级低于测量线路电压等级时，不管被跨线路架设得如何高，都应考虑在其上跨越。测量时应测量被交叉线路的避雷线（若无避雷线，则测上导线）的高程。如果交叉线路架设得过高，无法在其上跨越时，则应考虑降低交叉线路两侧杆塔，或改变所测线路走向。

3）当交叉线路电压等级和测量线路电压等级相同时，既可考虑在其上跨越，也可考虑在其下跨越，可视具体地形情况确定。

4）当交叉线路为通信线路时，测量线路应绝对在其上跨越，但应注意跨越点高度及交叉角的问题，尽量使交叉角不要太小，否则将对通信线路产生较大影响。

（2）交叉跨越测量计算。交叉跨越测量主要有两个任务：① 测量对方线被跨（钻）点导、地线高程；② 测量被跨线路与测量线路的交叉角（小于 90°）。

1）交叉跨越点（以下简称交跨点）高程计算。如图 1–3–10（a）所示，交跨点高程为

$$H_{\mathrm{p}} = H_{\mathrm{A}} + i + D\tan\alpha_1 \qquad (1\text{–}3\text{–}4)$$

式中　H_{A} ——测站点 A 高程，m；

i ——仪器高度，m；

D ——A、B 间水平距离，可测得，m；

α_1 ——交叉点与仪器之间的垂直角，°；

H_p——交跨点高程。

2）交叉角θ测量与求解。如图 1–3–10（b）所示，仪器架设在 A 点，司尺员在测量线路方向上听从司仪人员的指挥，沿交叉线路方向左右移动塔尺，直至完全符合，即得交叉点 B，测出 A、B 间水平距离 D。司尺员沿交叉线路方向另设一点 C，测出 A、C 间水平距离 D_1 和水平角γ，则利用比例作图法即可解出θ，也可用余弦定理和正弦定理求解θ，其具体计算方法如下：

先用余弦定理求出γ的对边 BC

$$BC=\sqrt{D^2+D_1^{\ 2}-2DD_1\cos\gamma} \tag{1-3-5}$$

再通过正弦定理 $\dfrac{BC}{\sin\gamma}=\dfrac{D_1}{\sin\theta}$

求得

$$\sin\theta=\frac{D_1\sin\gamma}{BC} \tag{1-3-6}$$

3）交跨测量举例。

【例 1–3–1】 如图 1–3–10 所示，已知从测站点 A 测量交叉点 P 在地面上的投影点 B 时，上丝为 2.8m，中丝为 1.8m，下丝为 0.8m，垂直角为–2° 36′，测得 P 点垂直角 $\alpha_1=8°24'$，并测得被跨线路在地面另一投影点 C 到 A 点的水平距离为 150m，水平角γ为 30°，测站高程 H_A 为 100m，仪器高度为 1.5m。试求交跨点高程 H_P 和交叉角θ。

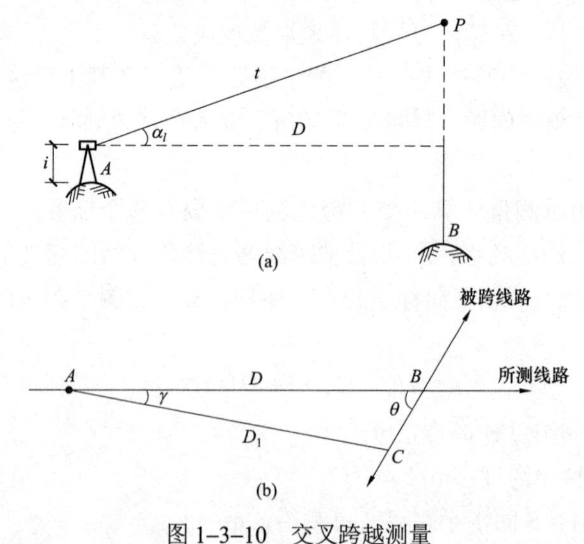

图 1–3–10　交叉跨越测量

（a）正视；（b）俯视

解：（1）求交跨点高程 H_P。水平距离 D 为

$$
\begin{aligned}
D &= kn\cos^2\alpha \\
&= 100\times(2.8-0.8)\cos^2(-2^\circ 36') \\
&= 199.6\text{（m）}
\end{aligned}
$$

则 P 点高程 H_p 为

$$
\begin{aligned}
H_\text{p} &= H_\text{A}+i+D\tan a_{线} \\
&= 100+1.5+199.6\tan 8^\circ 24' \\
&= 130.97\text{（m）}
\end{aligned}
$$

（2）求交叉角 θ。AB 水平距离为 199.6m，AC 水平距离为 150m，水平夹角为 30°，通过比例作图，可量得交叉角约 47°，再通过公式求解验证。

$$
\begin{aligned}
BC &= \sqrt{D^2+D_1^2-2DD_1\cos\gamma} \\
&= \sqrt{199.6^2+150^2-2\times199.6\times150\cos 30^\circ} \\
&= 190.8\text{（m）}
\end{aligned}
$$

$$
\begin{aligned}
\sin\theta &= \frac{D_1\sin\beta}{BC} \\
&= \frac{150\sin 30^\circ}{190.8} = 0.732\ 4 \\
\theta &= \arcsin 0.732\ 4 \\
&= 47^\circ
\end{aligned}
$$

（3）现场实际交跨测量。实际工作中往往需要测量电力线路与通信线路、房屋、树木、道路等设施的交跨净空高度，如图 1–3–11 所示。

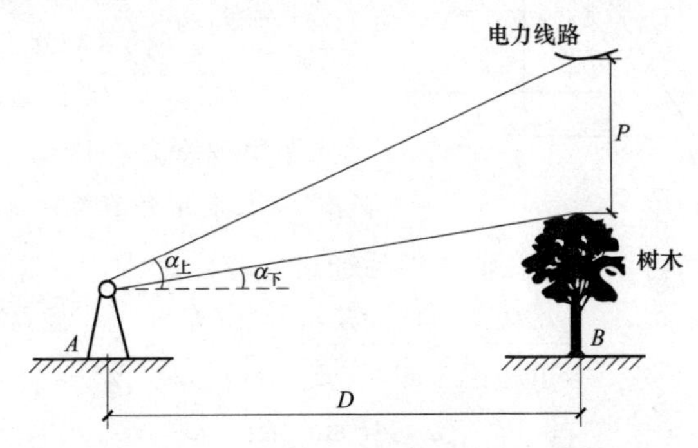

图 1–3–11　电力线路与树木交跨净空高度测量

测量方法：将仪器置交跨侧面（尽量垂直线路方向）较远点 A，在线路与树木交跨点投影处竖立塔尺，测量出水平距离 D 和上、下两处垂直角 $\alpha_{上}$、$\alpha_{下}$，最后根据式（1–3–7）求解。

$$P = D(\tan\alpha_{上} - \tan\alpha_{下}) \qquad (1\text{–}3\text{–}7)$$

第四节　河宽、山高测量

在选线、定线测量过程中，有时往往需要了解线路可能经过的河流宽度及山顶的高度。若到对岸及山顶竖立塔尺和棱镜较困难，则其数据可通过三角关系测量和求解。

一、河宽测量

如图 1–3–12 所示，首先观察者在岸边选定一个合适点 A 架设经纬仪，在河对岸确定一个醒目的标志点 C，将望远镜瞄准 C 点，水平角转 90°；观察者在岸边另找一合适点 B，A、B 两点间距离最好为整数，且用钢皮尺往返丈量；再将经纬仪架设在 B 点，先将望远镜瞄准 C 点，读出水平角刻度 β_1，然后顺时针转动仪器瞄准 A 点，读出水平角刻度 β_2，则

$$\beta = \angle CBA = \beta_2 - \beta_1$$

河宽为

$$AC = AB\tan\beta$$

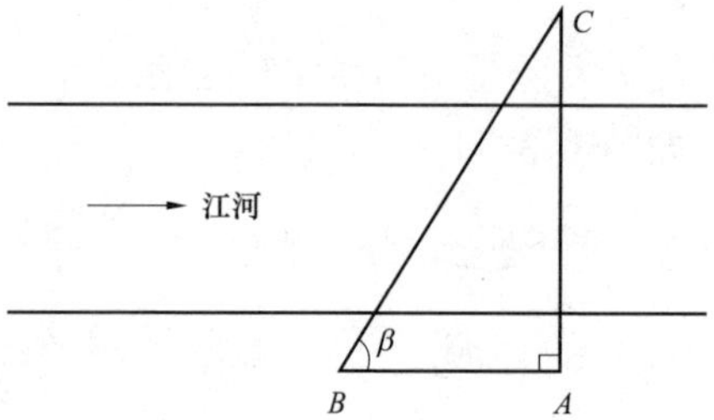

图 1–3–12　河宽测量

在图 1–3–12 中，若已知 AB 为 20m，β 为 83°48′，则河宽为

$$\begin{aligned} AC &= AB\tan\beta \\ &= 20\times\tan 83°48' \\ &= 184.1\text{(m)} \end{aligned}$$

如果观察者在岸边 A 点架设仪器，瞄准 C 点水平角转 90° 后，找不到合适的放置点，则水平角可以为任意值，然后通过正弦定理求解江宽，即

$$\frac{AC}{\sin\angle B} = \frac{AB}{\sin\angle C} = \frac{BC}{\sin\angle A}$$

$$AC = \frac{AB\sin\angle B}{\sin\angle C}$$

其中：$\angle C=180°-(\angle A+\angle B)$

二、山高测量

1. 测量方法

如图 1–3–13 所示，首先在山脚较平坦地带选定一个合适点 *A* 架设经纬仪，在山顶寻找一醒目标志点 *C*，将望远镜瞄准 *C* 点，测出垂直角 α_{A}，调整水平角为0°；顺时针转动仪器，在山脚较平坦处另确定一个合适点 *B*，测出水平角 α 及 *A*、*B* 两点间的水平距离（最好为整数），且用钢皮尺往返丈量；再将经纬仪架设在 *B* 点，先将望远镜瞄准 *C* 点，测出垂直角 α_{B}，调整水平角为0°，逆时针转动仪器瞄准 *A* 点，测出水平角 β。

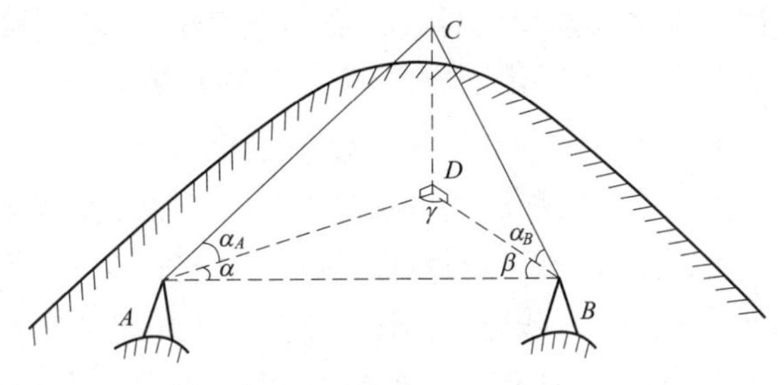

图 1–3–13　山高测量

2. 计算方法

（1）水平角：$\gamma=180°-(\alpha+\beta)$

（2）水平距离：

根据正弦定理
$$\frac{AD}{\sin\beta}=\frac{AB}{\sin\gamma}=\frac{BD}{\sin\alpha}$$

分别得
$$AD=\frac{AB\sin\beta}{\sin\gamma}$$

$$BD=\frac{AB\sin\alpha}{\sin\gamma}$$

（3）山高：

$$H=CD+i_{\mathrm{A}}=AD\tan\alpha_{\mathrm{A}}+i_{\mathrm{A}}$$

或
$$H=CD+i_{\mathrm{B}}=BD\tan\alpha_{\mathrm{B}}+i_{\mathrm{B}}$$

三、跨江导线对水面的垂直距离测量

跨越江（河、海）面的输配电线路，其导线对水面的垂直距离大小、两回线路在水面上空交叉跨越垂直距离的大小直接影响着线路的安全运行及船舶的安全通行，虽经设计人员的周密考虑与计算，已留有足够的裕度，但因导线质量问题、施工时的误差、气象条件的改变及水位上升等因素的影响，可能会造成导线对水面、导线对导线的净空高度不能满足安全要求。如何测出导线对水面、导线对导线的净空垂直距离，是现场施工技术人员的一大难题。下面介绍两种测量这两项垂直距离的方法。

1. 跨江导线对水面的垂直距离测量

（1）撑船直接测量法。测量跨江导线对江面的垂直净空距离，需撑一艘船到导线下方水面上，抛锚固定，在船上竖立塔尺。在岸上合适点 C 架设仪器，将望远镜瞄准船上塔尺，测出水平距离 CD 及仪器与船（水面）的高差 h_2，再将镜筒往上仰，使望远镜中丝切住导线，测出垂直角 α，则导线离仪器的高度为 $h_1=CD\tan\alpha$，最后求得导线离江水面净空高度为 $h=h_1+h_2$ 。

此方法缺点在于若江河中心水很深，无法抛锚固定时，船舶将漂离测量点；其次即使能固定，因水的流动和浪的冲击使船晃动，竖立塔尺很不稳定，其测量结果误差较大。所以，测量导线对水面的净空高度，该方法不是首选。

（2）三角计算测量法。在线路断面图上判读导线最低点所在大致位置，假定离 A 杆塔水平距离为 L_1 处的 P 点，如图 1–3–14 所示。其测量步骤如下：

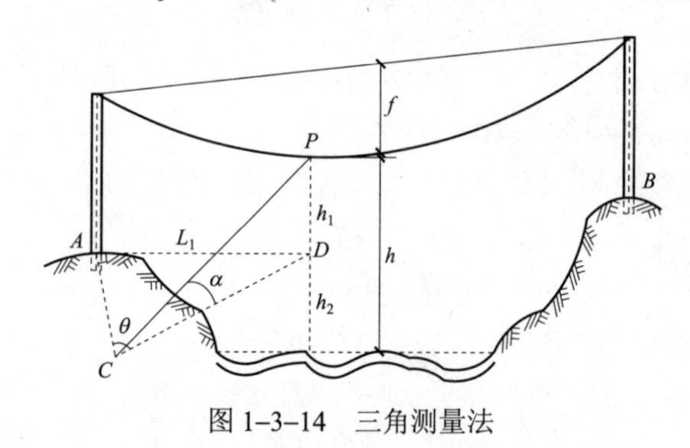

图 1–3–14　三角测量法

1）仪器置 A 杆塔中心点，整平对中后，镜筒瞄准另一杆塔中心点 B，测出两杆间档距并使望远镜水平转 90°，在此方向上确定一合适点 C，最好取 AC 距离为整数，则水平距离 $CD=\sqrt{L_1^{\ 2}+AC^2}$，同时解得 C 点水平角 $\theta=\arctan\left(\dfrac{L_1}{AC}\right)$。

2）将仪器移至 C 点，整平对中后镜筒瞄准 A 点，水平角转 θ，锁住水平制动螺旋。将望远镜上仰使中丝切于所测导线 P 点，测出垂直角 α，则得上方导线 P 点对 C 点（仪器）的高度为 $h_1=CD\tan\alpha$ 。

3）前视人员将塔尺竖立于江边任意陆地与水面接触处，使仪器镜筒对准并测出仪器 C 对江面的垂直高度 h_2。该垂直高度由仪器高度和 C 点地面到水面的高差两部分组成，则导线 P 点离江水面垂直净空高度为 $h=h_1+h_2$。

4）在 P 点附近连续假设几点水平距离（L_2、L_3、…、L_n），即 C 点不动，更改 θ（水平角）的大小及垂直角的大小，从而求出导线对仪器 C 点的垂直距离，判断 P 点附近各点与 C 点的最小净空高度，即可获得跨江导线对水面的最小净空距离。

如果在 A 杆 90° 方向找不到合适的仪器架设点 C，就必须按三角（非直角）法另确定一点 C，但计算方法要复杂许多，如图 1–3–15 所示。

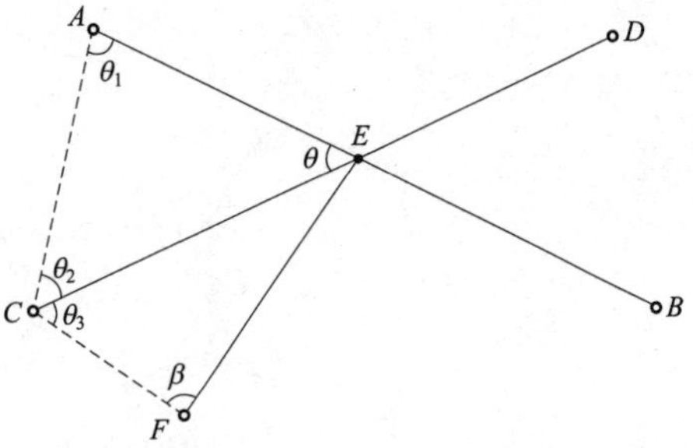

图 1–3–15　测量 CE 距离

（3）无棱镜全站仪测量法。现在有仪器生产厂家推出了一款无棱镜全站仪，它有 2 个激光管，一个使用一级不可见激光，用于测距；另一个使用二级可见激光，用于指向，最远测距为 1.2km，测量导线对水面交跨的净空高度极为方便。其操作方法是，直接确定一合适点 C 架设仪器，经整平后，将望远镜瞄准自认为导线最低点，经仪器激光反射，在显示屏上就能读出导线对仪器水平面的净空高度，如此在导线上连续测量几次，最后确认最小值，即 h_1。然后再将仪器瞄准水面任意处，经仪器激光反射，在显示屏上就能读出仪器水平面对水面的净空高度 h_2，最终求得跨江导线对水面的净空高度为 $h=h_1+h_2$。

上述所求的 h 值是当时的测量值，为了安全可靠应综合考虑不同季节、不同环境条件下的参数影响，最后得出结论。

2. 两回线路在水面上空交跨的垂直距离测量

（1）测出水平距离。

1）如图 1–3–15 所示，仪器架设在一回线下的 A 杆根处，镜筒瞄准本线路方向的 B 点，调水平角刻度为 0°，然后将望远镜水平转动瞄准另一回线路的 C 杆根处，测出 $\angle BAC$ 的度数 θ_1 和水平距离 AC。

2）仪器移至 C 杆根处，镜筒瞄准 A 点，调水平角刻度为 0°，然后将望远镜水平转动瞄准本回线路的 D 杆根处，测出 $\angle ACD$ 的度数 θ_2。

3）求得两回线在水平面上的交叉角 $\theta=180°-(\theta_1+\theta_2)$。由正弦定理对应

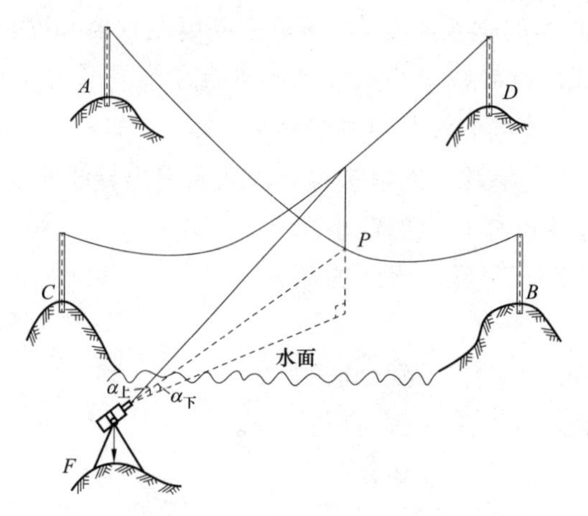

图 1–3–16　测量两线间距离 P

边角关系，可求出交叉点 E 到 A 杆的水平距离 $AE=\dfrac{AC\sin\theta_2}{\sin\theta}$，交叉点 E 到 C 杆的水平距离 $CE=\dfrac{AC\sin\theta_1}{\sin\theta}$。

（2）测出 β 角。

1）直角三角形法。仪器置 C 杆根处，镜筒瞄准 D 杆根处的同时，又将水平角刻度调整为 0°，以此水平角再转 90°，沿此方向合适地带确定一点 F（观察点），测出 CF 距离。则水平距离 $FE=\sqrt{CE^2+CF^2}$，同理可求出 β 角，即 $\sin\beta=\dfrac{CE}{FE}$。

2）任意三角形法。仪器置 C 杆根处，将望远镜镜筒瞄准 D 杆根处，调整水平角刻度为 0°，然后转动仪器在两回线交叉的侧面方向确定一合适点 F，测出 CF 距离和 $\angle DCF$ 度数 θ_3，则由余弦定理可求得 $FE=\sqrt{CE^2+CF^2-2CE\bullet CF\cos\theta_3}$，同理由正弦定理得到 $\sin\beta=\dfrac{CE\bullet\sin\theta_3}{FE}$。

（3）测出两线间垂直距离 P。如图 1–3–15 和图 1–3–16 所示，将仪器架设于观测点 F，望远镜镜筒对准 C 杆根处后，调整水平角刻度为 0°，再将望远镜镜筒向两回线交叉方向转动，并使水平角刻度刚好等于 β，此时锁住水平制动螺旋。调整望远镜仰俯角，使其切住下方回路导线，测出垂直角 $\alpha_下$，又将镜筒上仰至切住上方回路导线，同样测出垂直角 $\alpha_上$，则得水面上空两回线路交叉跨越时的净空高度为 $P = FE(\tan\alpha_{上} - \tan\alpha_{下})$。

根据实测的交叉跨越净空高度 P 值，结合测量时的环境温度，对照输配电线路的相应规程，判断净空高度是否满足要求。

采用全站仪测量两回线路在水面上空交跨的垂直距离，其测量步骤与使用经纬仪一样，但省略了许多计算过程，有关角度与距离可在显示屏上直接读取，测量方法十分简便，但当距离较远或激光反射效果不好时，其测量精度会下降。撑船直接测量也有其局限性。而三角计算测量法虽然步骤较繁琐，但其测量精度高、适用性强，当为首选。

第五节 杆塔定位测量

杆塔定位测量是根据已测绘的线路断面图，设计线路杆塔的型号和确定杆塔的位置，然后将杆塔位置测设到已经选定的线路中心线上，并钉立杆塔位中心桩作为标志。

一、图上定位

设计人员在图上定位时，应根据断面图和耐张段长度及平面位置，估测代表档距，选用相应的弧垂模板，在断面图上比拟出杆塔的大概位置，观察模板上导线对地的安全距离和交跨物垂直距离是否满足技术规程的要求，选用合适的塔型和高度，并最大限度地利用杆塔强度设置适当的档距，同时还要考虑施工、运行的便利与安全。

二、现场定位

在图上定位以后，再到现场把图上的杆塔位置测设到线路中心线上，并进行实地检查验证。若发现塔位不合适时，可及时进行修正，再返回到原图上定位，重新排列杆塔位置，反复进行直至满足要求。图上定位和现场定位可分阶段进行，也可以在现场按次序同时进行。一般是将测断面、定位、交桩三项工作在一道工序上完成。

三、定位测量

当杆塔的实地位置测设后，需将杆塔位置的地面标高、杆塔高度、杆塔型号、杆塔位序号、档距及弧垂的数据标注在断面图上。图 1–3–17 所示为输电线路的平断面图，它是设计测量工作的总目标，也是线路施工部门必需的技术资料。

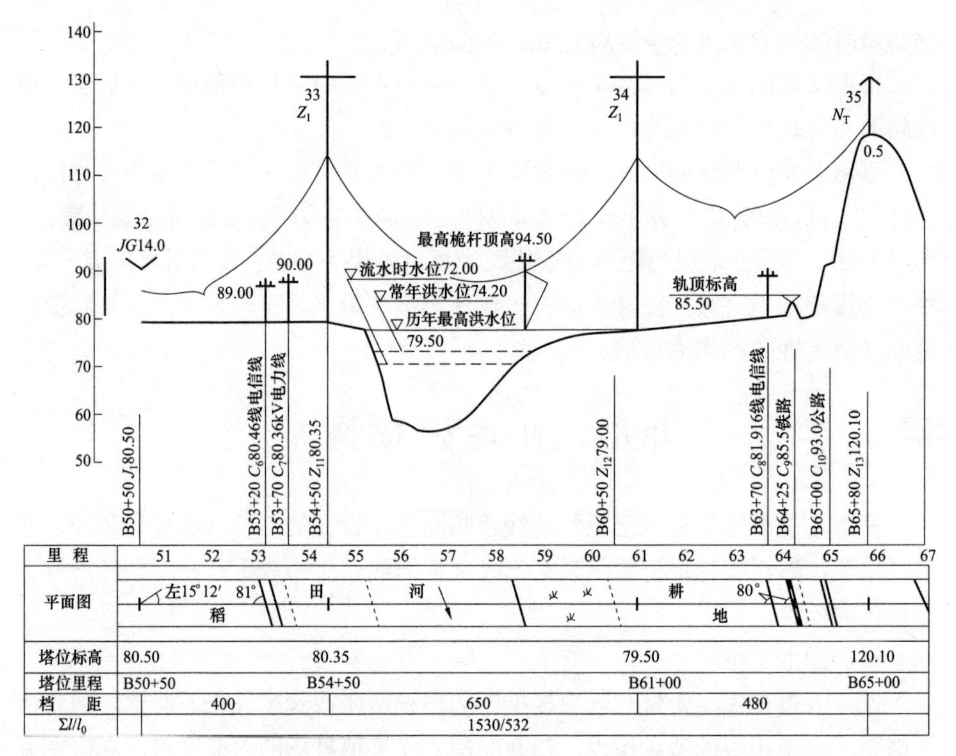

图 1-3-17 输电线路平断面图

第四章

线路施工测量

线路施工测量内容包括线路复测、杆塔基础坑位测量、拉线基础坑位测量和导线弛度测量等，以下分别叙述。

第一节 线路复测

一条线路从设计测量到施工测量，中间要隔一定时限。随着时间的延长，原设计勘测所设的桩位，会受到外力等因素影响而发生偏移、偏差或丢失，同时木桩打入泥土中也会发生腐烂，会给施工造成不良影响。因此，施工前必须对全线进行重测，即复测。

一、直线复测

根据断面图及现场实际地形，在同一耐张段中至少应找到两只无差错且能相互通视的标桩，然后利用中分法定出全直线段。在重新定线的时候肯定会找到原来的一些标桩，应检查其误差，尽量以原来的标桩为基准，其横线路方向的偏移值应不大于50mm。在定线的同时，应根据档距及地形确定杆（塔）位，桩位的前后移动，对于输电线路来说，不得超过档距的 1%，对于配电线路来说，不得超过档距的 3%。当超过规定距离时，应与设计部门协商处理，并应做好记录，存入线路档案中，以备以后查阅。

二、转角复测

（1）在原有桩位保存完好的情况下，转角杆塔的角度应采用“方向法一测回法”进行复测，其误差应不大于 1′30″。若实测角度与设计转角不相符时，则应查明原因。

（2）原有桩位已丢失时，可按设计图纸（纵断面图及明细表）数据进行补测，此时必须复查其前后档距、高差、转角度数及危险点等是否相符。一般情况下，采用两已知直线相交，确定其转角点，然后测出角度的方法检查其是否与设计相符。转角点利用两直线相交测量方法：如图 1–4–1 所示，已知 *AB* 和 *CD*，用经纬仪分别将两直线延伸至 *EF* 和 *GH*，然后在 *E*、*F*、*G*、*H* 四桩上分别拉十字弦线，则 *EF* 和 *GH* 两线交点就是转角点 *J*。

三、重要交叉跨越高程复测

线路与河流、电力线路、通信线路、铁路、公路、房屋等交叉时，应复测被跨（钻）物高程。复测采用正倒镜读数，当误差大于±0.5m 时，应查明原因，并与设计部门联系，进行妥善处理。

四、施工基面的测量

1. 施工基面的定义

施工基面是计算杆塔基础埋深及定位高度的起始基面，施工基面如图 1–4–2 所示。

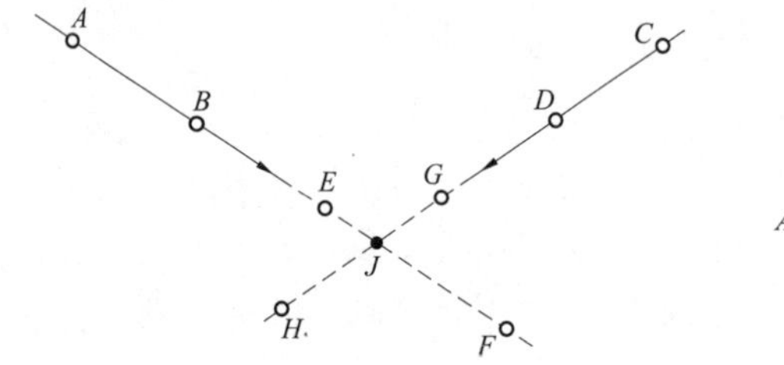

图 1–4–1　两直线相交测量法确定转角

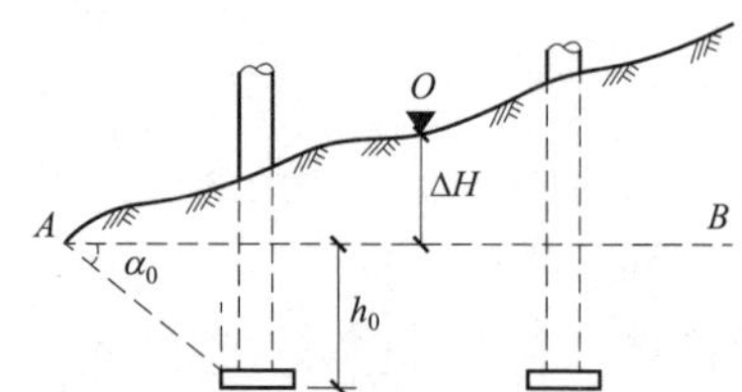

图 1–4–2　施工基面

图 *A*–*B* 为基准面，即施工基面，h_0 为标准埋深，Δ*H* 为施工基面降低值，a_0 为土壤安息角。

施工基面降低值 Δ*H* 是土壤安息角 a_0 在下坡方向确定的基准点 *A* 到杆塔中心桩 *O* 之间的垂直距离。注意，Δ*H* 不是杆塔中心与下坡杆坑中心的高差。

2. 施工基面的测量

如图 1–4–3 所示，首先在杆塔中心桩 2 号架设仪器，前、后视分别为 1 号与 3 号，在直线方向确定辅助桩 *A*、*B*。根据给定的施工基面 *I*–*I* 的标高，在 2 号附近找到高差为 Δ*H* 的 *C*、*D*、*E* 等各点，并根据杆塔根开尺寸测出开挖施工基面的范围桩。施工基面开挖完毕后，利用辅助桩可以恢复 2 号中心桩。

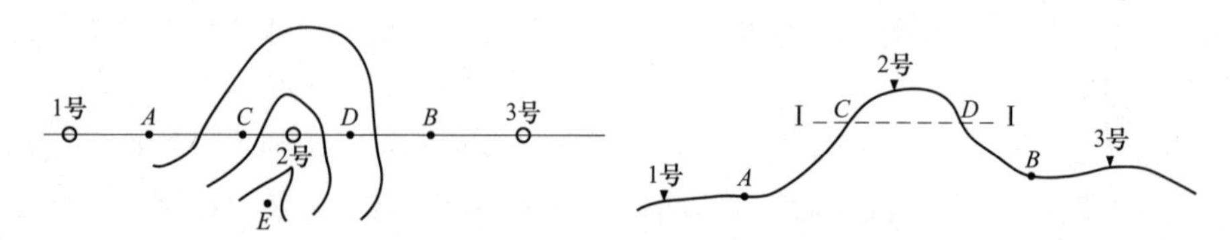

图 1–4–3　施工基面测量

第二节 杆塔基础坑位测量

一、直线杆塔分坑

1. 直线单杆分坑

直线单杆分坑方法如下：

（1）仪器置杆塔中心桩 O，望远镜瞄准线路方向，在中心桩前后打两个辅助桩 A、B。

（2）将仪器水平转 90°，在此方向（横担方向）同样打两个辅助桩 C、D。这 4 个桩用于底盘找正，以距离大于坑口尺寸，且不被挖出来的土覆盖为原则。

（3）将仪器水平转 45°，在此方向用皮尺量取距离 $\frac{\sqrt{2}}{2}a$，确定坑角点 1，翻转望远镜以同样的距离确定坑角点 4。

（4）将仪器水平转 90°，同样量取距离 $\frac{\sqrt{2}}{2}a$ 可确定坑角点 2 和 3。

（5）由这 4 个坑角点拉四周弦线，在地面上确定坑口位置印记以便挖坑，如图 1–4–4 所示。

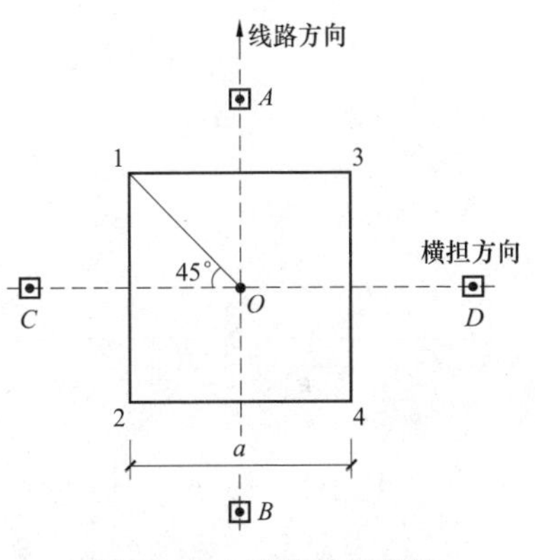

图 1–4–4 直线单杆分坑

2. 直线双杆分坑

已知杆塔中心桩 O，杆塔根开尺寸 X，基坑边长 a，则直线双杆分坑方法：

（1）如图 1–4–5 所示，仪器置杆塔中心桩 O，望远镜瞄准线路方向后水平角转 90°，在此方向量取距离 $X/2$，得 O_1 点（即坑位中心点），另外再确定一点，其距离大于 $\frac{1}{2}(X+a)$，打一辅助桩 A；翻转望远镜，以同样方法得到 O_2 点（即坑位中心点）和确定辅助桩 B。

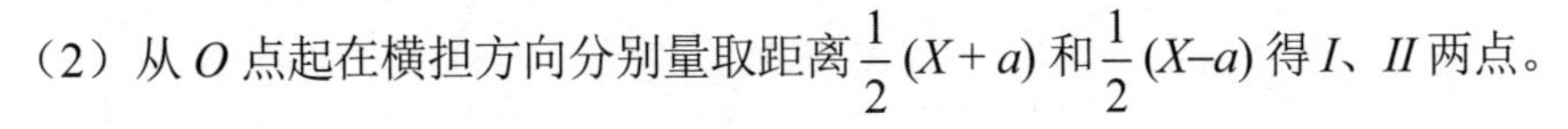

（2）从 O 点起在横担方向分别量取距离 $\frac{1}{2}(X+a)$ 和 $\frac{1}{2}(X-a)$ 得 I、II 两点。

（3）预先准备一条绳子，长为 $\frac{1}{2}(1+\sqrt{5})a$，即 $I1+II1$，将绳子两头分别固定在 I、II 点，距离 I 点 $\frac{a}{2}$ 处把绳子张紧，得角点 1，折向 $I\,II$ 的另一侧得角点

2；距离 II 点 $\frac{a}{2}$ 处把绳子张紧，得角点 3，折向 $I\,II$ 的另一侧得角点 4。再由这四个坑角点拉四周弦线，在地面上确定坑口位置印记，以便挖坑。

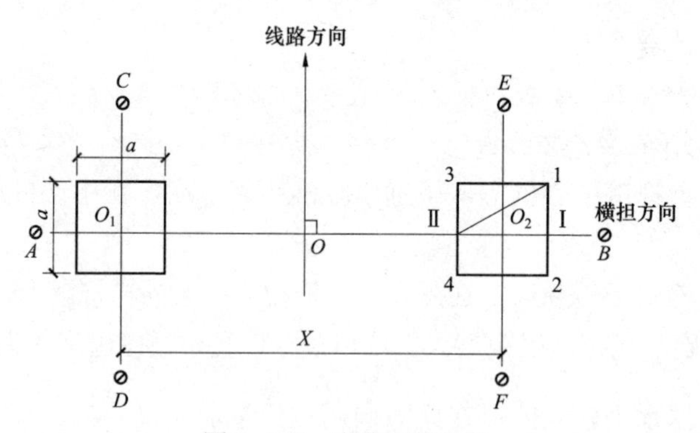

图 1–4–5 直线双杆分坑

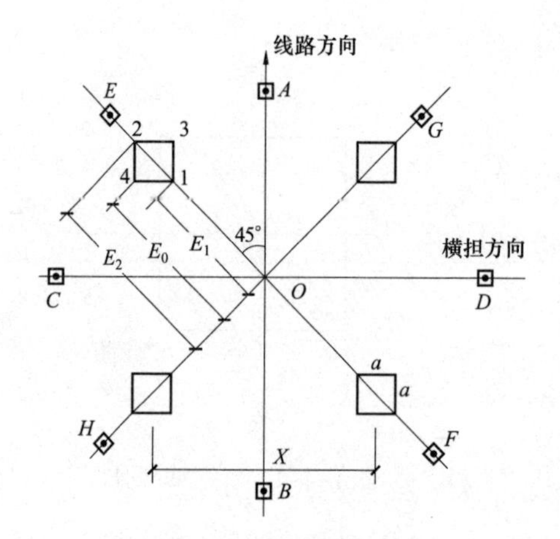

图 1–4–6 方形塔基础分坑

（4）以同样方法分出另一杆坑四角点。

（5）将仪器分别移至 O_1 点和 O_2 点，瞄准横担方向，水平角转 90°（即顺线路方向），分别打辅助桩 C、D、E、F。其辅助桩 A、B、C、D、E、F 用于底盘找正。

3. 方形塔基础分坑

（1）方形塔基础分坑的计算。如图 1–4–6 所示，设 X 为基础根开尺寸，a 为基坑边长。则

$$E_0 = \frac{\frac{1}{2}X}{\sin 45^\circ} = \frac{\sqrt{2}}{2}X \quad (1\text{–}4\text{–}1)$$

$$E_1 = \frac{\frac{1}{2}(X-a)}{\sin 45^\circ} = \frac{\sqrt{2}}{2}(X-a) \quad (1\text{–}4\text{–}1)'$$

$$E_2 = \frac{\frac{1}{2}(X+a)}{\sin 45^\circ} = \frac{\sqrt{2}}{2}(X+a) \quad (1\text{–}4\text{–}1)''$$

式中　E_0——中心桩 O 到基坑中心的水平距离，m；

E_1——中心桩 O 到基坑近角点水平距离，m；

E_2——中心桩 O 到基坑远角点水平距离，m；

X——基础根开尺寸，m；

a——基坑边长，m。

基坑边长根据基础底面宽度、坑深、坑底施工操作裕度及安全坡度进行计算，如图 1–4–7 所示，坑口尺寸可通过式（1–4–2）计算。

$$a = D + 2e + 2\eta h \tag{1–4–2}$$

式中　D——基础底面宽度（设基础底面为正方形），m；

e——坑底施工操作裕度，m；

h——设计坑深，m；

η——安全坡度。

安全坡度与土壤安息角有关，对于不同的土壤性质和坑深，其取值也不同。若坑深在 3m 以内，不加支撑的安全坡度 η 和坑底施工操作裕度 e 可参考表 1–4–1 取值。

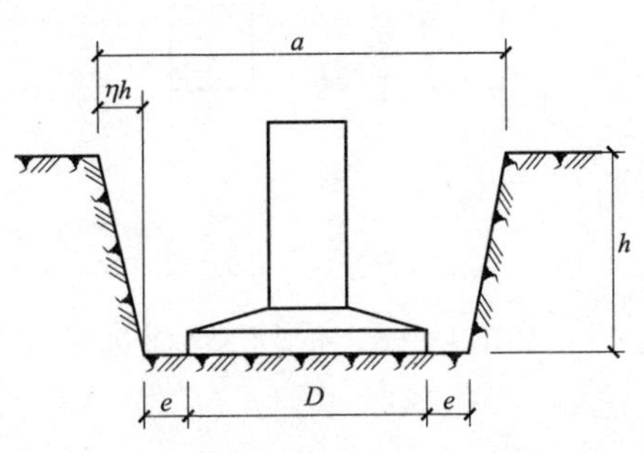

图 1–4–7　坑口尺寸计算示意图

表 1–4–1　　基坑开挖的安全坡度和施工操作裕度（坑深在 3m 以内）

土壤类别	砂石、砾石、淤泥	砂质黏土	黏土	坚土
安全坡度 η	1:0.67	1:0.50	1:0.30	1:0.22
坑底施工操作裕度 e（m）	0.30	0.20	0.20	0.10～0.20

（2）方形塔基础分坑方法：

1）仪器置杆塔中心桩 O，望远镜瞄准线路方向，在此方向量取距离 X，确定一个辅助桩 A。翻转望远镜，以同样的距离 X 确定另一个辅助桩 B。再将仪器水平转 90°（横担方向），以距离 X 确定辅助桩 C，翻转望远镜，以距离 X 确定辅助桩 D。

2）仪器由线路方向（或横担方向）水平转 45°，在此方向线上确定 E，翻转望远镜确定辅助桩 F；以此水平角转 90°，在此方向线上确定 G，翻转望远镜确定辅助桩 H。其 A、B、C、D、E、F、G、H 8 个辅助桩用于后面基础找正。

3）在 OE 方向线上从 O 点起量取水平距离 E_1 与 E_2，得基坑角点 1、2 两点。设定绳长为 $2a$，使其两端固定在 1、2 两点，在其中间（长度 a 处）把绳子张紧，得基坑角点 3，折向 OE 的另一侧，得坑角点 4。同理可得另外 3 个坑的各坑角点。

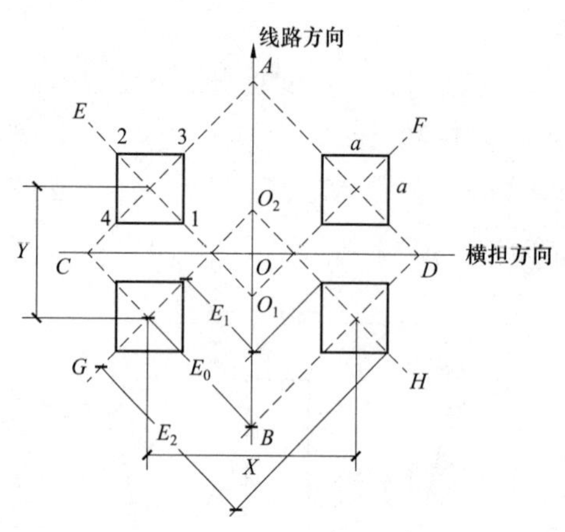

图 1–4–8　矩形塔基础分坑

（3）方形塔分坑的特点。方形塔分坑时，只需架设一次仪器，便能完成全部工作。

4. 矩形塔基础分坑

（1）矩形塔基础分坑的计算。如图 1–4–8 所示，设 X 为线路横向基础根开尺寸，Y 为线路纵向基础根开尺寸，a 为基坑边长。若分别以 O_1、O_2 点为零点，则 E_0 为零点到基坑中心点的距离，E_1 为零点到基坑近角点的距离，E_2 为零点到基坑远角点的距离，其计算方法为

$$E_0 = \frac{\frac{1}{2}X}{\sin 45^\circ} = \frac{\sqrt{2}}{2}X \qquad (1–4–3)$$

$$E_1 = \frac{\frac{1}{2}(X-a)}{\sin 45^\circ} = \frac{\sqrt{2}}{2}(X-a) \qquad (1–4–3)'$$

$$E_2 = \frac{\frac{1}{2}(X+a)}{\sin 45^\circ} = \frac{\sqrt{2}}{2}(X+a) \qquad (1–4–3)''$$

（2）矩形塔基础分坑方法一。

1）仪器置杆塔中心桩 O，望远镜瞄准线路方向，在此方向量取距离 $\frac{1}{2}(X+Y)$，确定一个辅助桩 A，量取距离 $\frac{1}{2}(X-Y)$ 确定 O_2。翻转望远镜以同样距离 $\frac{1}{2}(X+Y)$ 确定另一个辅助桩 B，量取距离 $\frac{1}{2}(X-Y)$ 确定 O_1。再将仪器水平转 90°（横担方向），以 $\frac{1}{2}(X+Y)$ 距离确定辅助桩 C，翻转望远镜，以 $\frac{1}{2}(X+Y)$ 距离确定辅助桩 D。

2）将仪器移至 O_1 点，对准线路方向上的 A 点，向两侧水平角各转 45°，分别确定两个辅助桩 E、F，并从 O_1 点在 O_1E 方向上分别量取距离 E_1、E_2，得坑角点 1、2，设定绳长为 $2a$，使其两端固定在 1、2 两点，在其中间把绳子张紧，得坑角点 3，折向 O_1E 的另一侧，得坑角点 4。同理可得横担方向同一侧的另一坑的 4 个坑角点。

3）将仪器移至 O_2 点，对准线路方向上的 B 点，向两侧水平角各转 45°，分别确定两个辅助桩 G、H。以同样的方法确定另两个坑的坑角点。

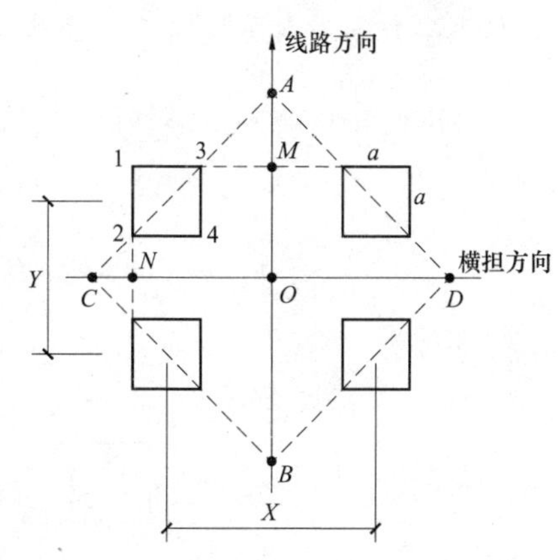

图 1–4–9　矩形塔分坑方法二

（3）矩形塔基础分坑方法二。如图 1–4–9 所示，仪器置杆塔中心桩 O，在线路方向和横担方向量取距离 $\frac{1}{2}(X+Y)$ 确定辅助桩 A、B、C、D。从 O 点往线路方向量取距离 $\frac{1}{2}(Y+a)$，确定一点 M，从 O 点往横担方向量取距离 $\frac{1}{2}(X+a)$，确定一点 N。设定线绳（或皮尺）固定长度为 $\frac{1}{2}(X+Y)+a$，两端分别固定在 M、N 点，从 M 点往横担方向确定距离 $\frac{1}{2}(X+a)$，也可从 N 点顺线路方向确定距离 $\frac{1}{2}(Y+a)$，在此位置将线绳（或皮尺）拉紧，即得坑角点 1，分别向两侧量取距离 a，即得坑角点 2、3，设定线绳（或皮尺）长度为 $2a$，两端固定于坑角点 2、3，中间拉紧折向另一侧，即得坑角点 4。以同样的方法确定另 3 个坑的坑角点。

二、转角杆塔基础分坑

1. 无位移转角杆塔基础分坑

当线路转角较小，横担较窄时，其所引起的位移可忽略不计，这种杆塔称为无位移转角杆塔。

（1）转角双杆分坑。如图 1–4–10 所示，仪器置线路转角点 O，望远镜瞄准线路方向。水平角转 $\frac{\theta}{2}$。确定 MN 直线，即假想线路方向。以假想线路方向为基准，按直线双杆基础分坑方法，分出两坑各坑角点，并得到操平找正用的各辅助桩 A、B、C、D、E、F。

（2）转角方形塔分坑。如图 1-4-11 所示，仪器置线路转角点 O，望远镜瞄准线路方向，水平角转 $\frac{\theta}{2}$。确定 MN 直线，即假想线路方向。以假想线路方向为基准，按直线方形塔基础分坑方法，分出 4 个坑的各坑角点，并确定各辅助桩。

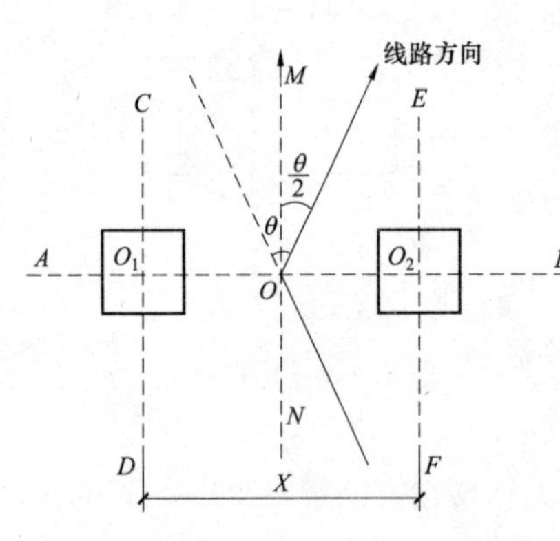

图 1-4-10　无位移转角双杆分坑

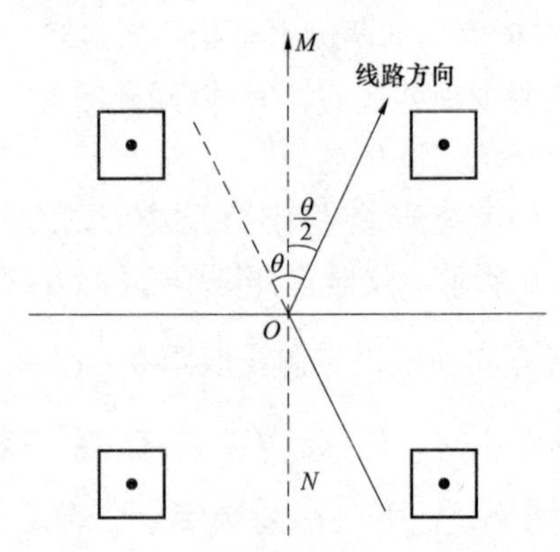

图 1-4-11　无位移转角方形塔分坑

2. 等长宽横担转角杆塔基础分坑

由于转角杆塔横担宽度和绝缘子挂板长度的影响，使转角杆塔的中心位置与原转角点产生位移。因此，如果不考虑位移值，将会导致转角杆塔两侧的直线杆塔出现小转角，位移值越大，引起的偏角也越大。

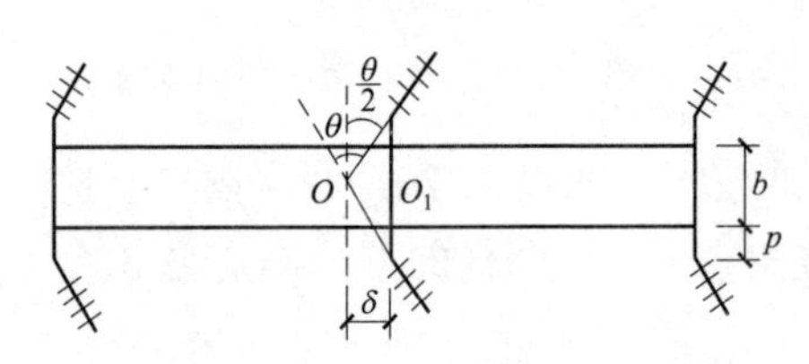

图 1-4-12　等长宽横担转角杆位移

（1）位移计算。由图 1-4-12 可知，转角塔位移值为

$$\delta=\left(\frac{b}{2}+p\right)\tan\frac{\theta}{2} \tag{1-4-4}$$

式中　θ——线路转角，°；

b——横担宽度，m;

p——绝缘子串挂板螺孔到横担边缘长度，m。

（2）转角双杆分坑方法。如图 1-4-13 所示，仪器置线路转角点（线路中心点）O，对准线路方向，往转角外侧水平角转$\frac{\theta}{2}$。确定 MN 直线，即假想线路方向。以假想线路方向为基准，水平角再转 90°，确定横担方向。在此方向从 O 点往外角侧量取距离$\frac{X}{2}-\delta$，确定一个杆坑中心点 A。同理，从 O 点往内角侧量取距离$\frac{X}{2}+\delta$，确定另一个杆坑中心点 B。分别将仪器移至两杆坑中心点 A 和 B，在横担方向及其垂直方向打辅助桩；并于两杆坑中心点 A 和 B，从横担外角侧分别向两侧水平角转$90°-\frac{\theta}{2}$，确定拉线方向及拉线坑位（该内容将在后续章节中详细介绍）。

（3）转角方形塔基础分坑方法。如图 1–4–14 所示，仪器置线路转角点（线路中心点）O，对准线路方向，往转角内侧水平角转$90°-\frac{\theta}{2}$，确定横担方向。从 O 点往内角侧量取距离δ，得杆塔结构中心点 O_1。再将仪器移至 O_1，对准横担方向水平角转 90°，确定 MN 假想线路方向，由 MN 方向按直线方形塔基础分坑。

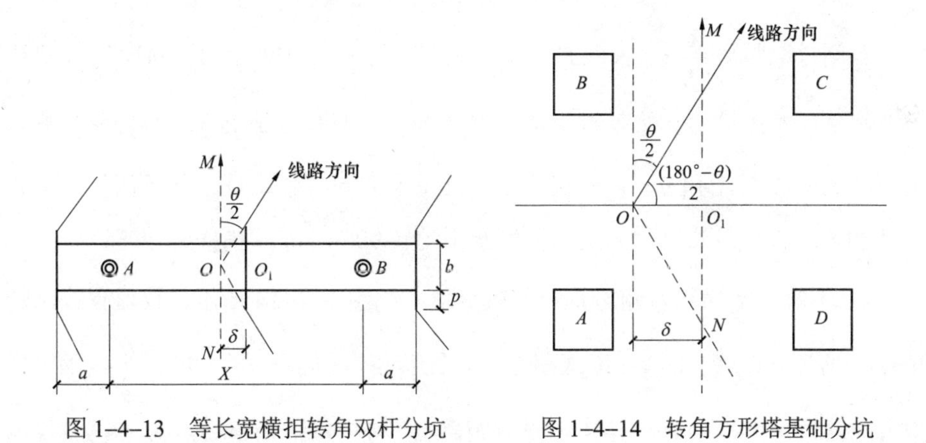

图 1–4–13　等长宽横担转角双杆分坑　　图 1–4–14　转角方形塔基础分坑

3. 不等长宽横担转角杆塔基础分坑

由于线路转角大（60°～90°），其外侧耐张引流线与接地体（杆塔、拉线等）之间电气间隙较小，因此操作人员上杆工作容易发生危险。为此，对于 60°以上的转角杆塔一般设计长短横担，即把外角侧加长，内角侧缩短，而横担总长不变。

（1）位移计算。如图 1–4–15 所示，总位移为

$$\Delta = \delta + \frac{D_2 - D_1}{2}$$

$$\Delta = \left(\frac{b}{2} + p\right)\tan\frac{\theta}{2} + \frac{D_2 - D_1}{2} \tag{1–4–5}$$

式中 D_1——短横担长度，m；

D_2——长横担长度，m；

b、p、θ——含义同式（1–4–4）。

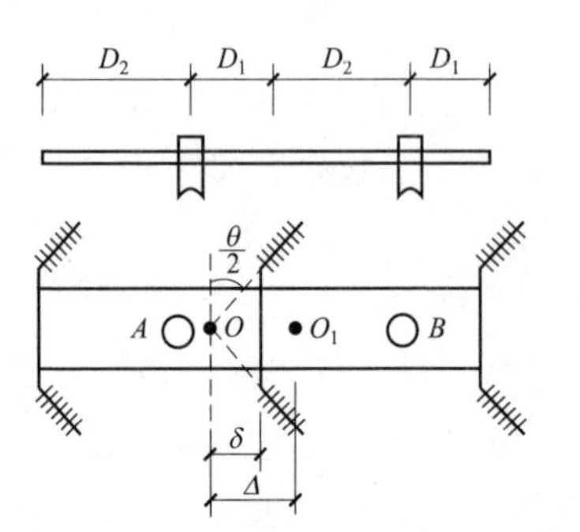

图 1–4–15　不等长宽横担转角杆塔位移

（2）不等长宽横担转角杆塔基础分坑方法。

1）不等长宽横担转角双杆基础分坑。如图 1–4–15 所示，仪器置线路转角点（线路中心点）O，对准线路方向，往转角外侧水平角转 $\frac{\theta}{2}$。确定 MN 直线，即假想线路方向。以假想线路方向为基准，水平角再转 90°，确定横担方向。在此方向从 O 点往外角侧量取距离 $\frac{X}{2} - \Delta$（或 $D_1 - \delta$），确定一个杆坑中心点 A。同理从 O 点往内角侧量取距离 $\frac{X}{2} + \Delta$（或 $D_2 + \delta$），确定另一个杆坑中心点 B。分别将仪器移至两杆坑中心点 A 和 B，在横担方向及其垂直方向打辅助桩；并于两杆坑中心点 A 和 B，从横担外角侧分别向两侧水平角转 $90° - \frac{\theta}{2}$，确定拉线方向。

2）不等长宽横担转角方形塔基础分坑。如图 1–4–14 所示，仪器置线路转角点（线路中心点）O，对准线路方向，往转角内侧水平角转 $90° - \frac{\theta}{2}$，确定横担方向。此时从 O 点往内角方向量取距离 Δ，得杆塔结构中心点 O_1。再将仪器移至 O_1，对准横担方向水平角转 90°，确定 MN 假想线路方向，由 MN 方向按直线方形塔基础分坑。

（3）位移计算举例。

【例 1–4–1】 如图 1–4–15 所示，已知线路转角为 90°，D_1=2m，D_2=3m，b=0.5m，p=0.1m，试求位移值。

解：位移值为

$$\begin{aligned}\varDelta &= \left(\frac{b}{2}+p\right)\tan\frac{\theta}{2}+\frac{D_2-D_1}{2}\\ &= \left(\frac{0.5}{2}+0.1\right)\tan\frac{90^\circ}{2}+\frac{3-2}{2}\\ &= 0.35+0.5=0.85\text{（m）}\end{aligned}$$

若该杆塔为转角双杆，则 A 杆位置由转角点 O 向外侧量取，即

$$\begin{aligned}OA &= \frac{D_2+D_1}{2}-\varDelta\\ &= \frac{3+2}{2}-0.85\\ &= 1.65\text{（m）}\end{aligned}$$

或

$$\begin{aligned}OA &= D_1-\delta\\ &= 2-0.35\\ &= 1.65\text{（m）}\end{aligned}$$

B 杆位置由转角点 O 向内侧量取，即

$$\begin{aligned}OB &= \frac{D_2+D_1}{2}+\varDelta\\ &= \frac{3+2}{2}+0.85\\ &= 3.35\text{（m）}\end{aligned}$$

或

$$\begin{aligned}OB &= D_2+\delta\\ &= 3+0.35\\ &= 3.35\text{（m）}\end{aligned}$$

这样计算与量取的目的是仪器不必移至 O_1 再分坑，但此法对方形塔不适用。

三、高低腿基础分坑

高低腿基础的特点是可减少土石方开挖，并能节省原材料，而对杆塔的受力无影响。

1. 水泥双杆高低腿

（1）水泥双杆高低腿适用场合。当两坑位地形高差为 1.5m（或 3m）左右时，可考虑高低腿形式，如图 1–4–16 所示。高差取 1.5m（或 3m）主要是考虑制造厂家的定型问题，一般杆长有 9m、6m、4.5m 3 种，其长度不能随地形实

际高差任意设计。

（2）水泥双杆高低腿分坑方法。与平地双杆分坑基本相同，水泥双杆高低腿分坑只是应注意两杆坑开挖深度高差应等于设计高差 1.5m（或 3m），否则，将给杆塔就位带来麻烦。

2. 高低腿铁塔基础

高低腿铁塔基础如图 1–4–17 所示，其中 X、Y、Z 为根开尺寸，3 个根开尺寸之间的关系是 $Z>Y>X$。应考虑高低两腿基础边长相等（$a=b$）、不相等（$a\neq b$）两种情况，腿长不等时对角线长也不相等。

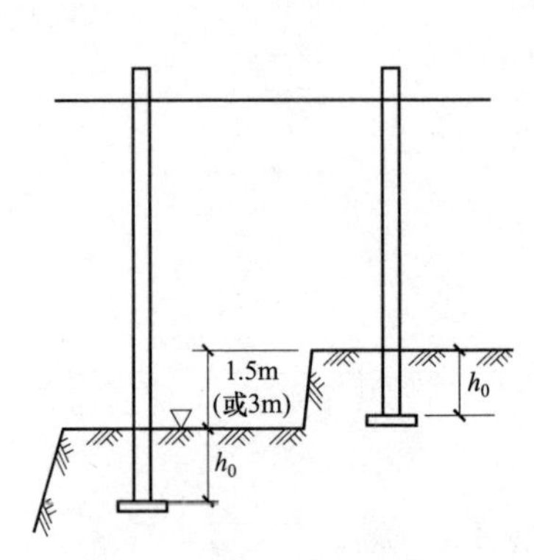

图 1–4–16　水泥杆高低腿

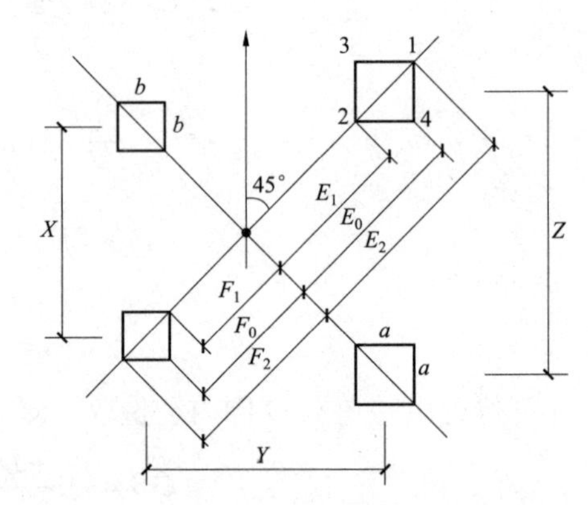

图 1–4–17　不等高塔腿基础分坑图

（1）高低腿杆塔基础相关计算。

1）低腿侧基础尺寸：

$$E_0=\frac{\frac{Z}{2}}{\cos 45^\circ}=\frac{\sqrt{2}}{2}Z \qquad (1\text{–}4\text{–}6)$$

$$E_1=\frac{\frac{1}{2}(Z-a)}{\cos 45^\circ}=\frac{\sqrt{2}}{2}(Z-a) \qquad (1\text{–}4\text{–}6)'$$

$$E_2=\frac{\frac{1}{2}(Z+a)}{\cos 45^\circ}=\frac{\sqrt{2}}{2}(Z+a) \qquad (1\text{–}4\text{–}6)''$$

2）高腿侧基础尺寸：

$$F_0=\frac{\frac{X}{2}}{\cos 45^\circ}=\frac{\sqrt{2}}{2}X \qquad (1\text{–}4\text{–}7)$$

$$F_1=\frac{\frac{1}{2}(X-b)}{\cos 45^\circ}=\frac{\sqrt{2}}{2}(X-b) \qquad (1–4–7)'$$

$$F_2=\frac{\frac{1}{2}(X+b)}{\cos 45^\circ}=\frac{\sqrt{2}}{2}(X+b) \qquad (1–4–7)''$$

（2）高低腿杆塔基础分坑方法。仪器置杆塔中心桩 O，分别在线路方向、横担方向、对角线方向打 8 个辅助桩；在对角线方向，低腿侧根据 E_0、E_1、E_2 长度，按方形塔基础分坑方法分出两坑，高腿侧根据 F_0、F_1、F_2 长度，按方形塔基础分坑方法分出两坑。

3. 全方位铁塔基础分坑

现在有许多输电线路基础为了减少开挖工作量和保护环境的需要，设计部门根据 4 个塔腿地形高差的不同，设计成 4 个根开（X、Y、Z、E）不等、坑口尺寸（a、b、c、d）不等的高低腿，称为全方位塔腿。如图 1–4–18 所示，该塔腿基础分坑方法与直线方形塔或转角方形塔基础分坑方法相似，不同之处是 4 个基坑尺寸都不相等，必须按对应的根开和基坑边长分别计算 4 组。

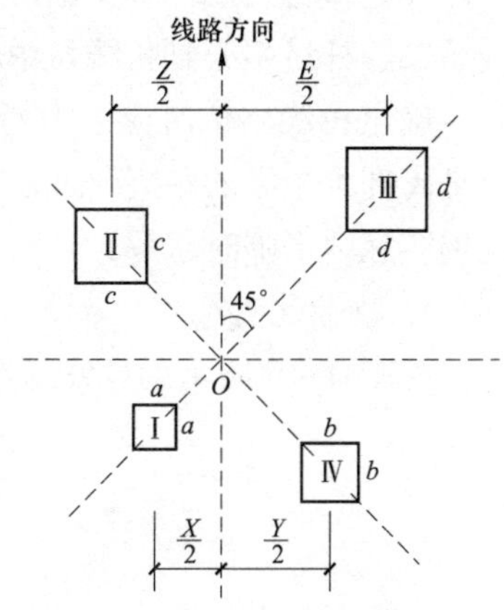

图 1–4–18 全方位铁塔基础分坑

第三节 拉线基础坑位测量

配电线路中大部分采用钢筋混凝土电杆，使用拉线较普遍。而在有些高压输电线路中，为了节约钢材，采用带拉线形杆塔。拉线起着稳定电杆的作用，它对电杆杆轴（或对地面）的夹角有严格的设计要求，不得随意改变。如果在分坑测量时将拉线与杆轴间夹角缩小（即水平距离偏近），则会加大杆的下压力，使电杆不稳定。相反，如果将拉线与杆轴间夹角加大（即水平距离偏远），虽然电杆稳定性好了，但会使带电导线与拉线的电气间距不能满足要求。所以，在进行拉线坑位测定时，应严格按照设计要求施测，以免出现差错。

一、拉线的种类

根据受力及用途的不同，拉线大致可分为：

（1）人字形拉线（防风拉）——用于直线单杆；

（2）X 形交叉拉线——用于直线双杆；

（3）V 形拉线——用于直线双杆或直线耐张杆；

（4）顺线（反向）拉线——平衡顺线方向的不平衡张力，如转角杆导线拉线、地线终端拉线等；

（5）内角拉线——用于小转角杆塔；

（6）外角拉线——用于大转角杆塔；

（7）高棒拉线——在正常拉线点遇阻时的改造拉线，一般用于跨越公路时；

（8）自身拉线——在正常拉线点遇阻时的改造拉线。

二、杆坑中心到拉线坑中心的水平距离

确定拉线坑位时应求出两个主要参数，一个是水平角度（即方向），另一个是离杆坑中心的距离。而方向一般预先已知（设计图纸提供），其距离需根据现场实际地形临时求解。

1. 符号说明

图 1–4–19 所示为拉线示意图。

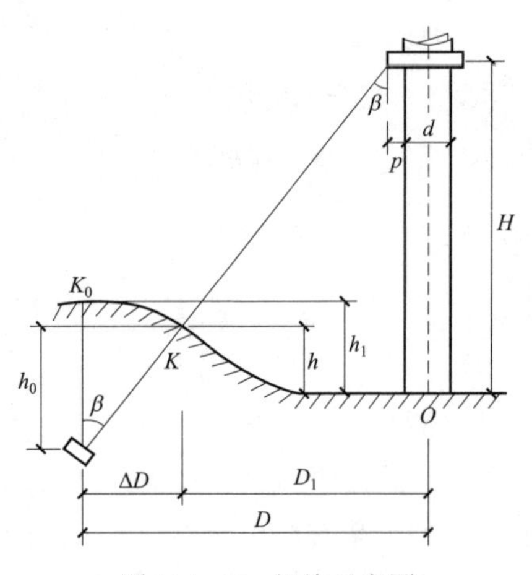

图 1–4–19　拉线示意图

图中各符号的含义如下：

O——杆坑中心点；

H——拉线点到电杆地面的高度；

β——拉线与杆轴线交角；

K——拉线与地面交点（马道口点）；

K_0——埋设拉线盘的坑中心点；

D——杆坑中心到拉线坑中心的水平距离；

D_1——K 点与 O 点的水平距离；

ΔD——K 点与 K_0 点的水平距离；

h——K 点与 O 点间的高差；

h_1——K_0 点与 O 点间的高差；

h_0——拉线盘标准埋深；

d——拉线点电杆直径；

p——拉线抱箍耳朵板长度。

2. 水平距离计算

（1）杆坑中心与拉线坑中心地面水平时两点间水平距离计算。

$$D = D_1 + \Delta D$$
$$= \left[H \tan\beta + \left(\frac{d}{2} + p \right) \right] + h_0 \tan\beta$$

令 $\frac{d}{2} + p = C$，则

$$D = (H + h_0)\tan\beta + C$$

因为 C 值一般在 0.25m 左右，所以在实际计算中往往不计算 C 值，而取其近似值，即

$$D = (H + h_0)\tan\beta \quad (1\text{–}4\text{–}8)$$

（2）杆坑中心与拉线点有固定高差时两点间水平距离计算。如图 1–4–20 所示，当杆坑中心与拉线点有固定高差时，两点间的水平距离为

$$\begin{aligned} D &= (H + h_0)\tan\beta - h\tan\beta \\ &= (H + h_0 - h)\tan\beta \end{aligned} \quad (1\text{–}4\text{–}9)$$

当拉线点低于杆坑中心点时 h 为负，当拉线点高于杆坑中心点时 h 为正。

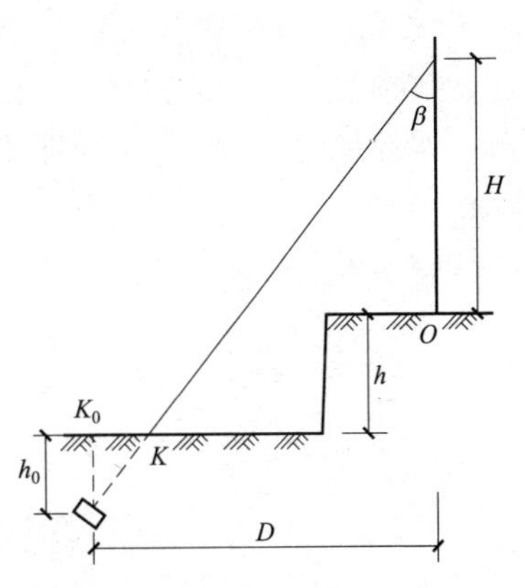

图 1–4–20　地形有固定高差时的拉线点确定

3. 分坑方法

如图 1–4–21 所示，AB 为线路方向。仪器置 O 点，前视相邻杆塔中心桩，水平角转

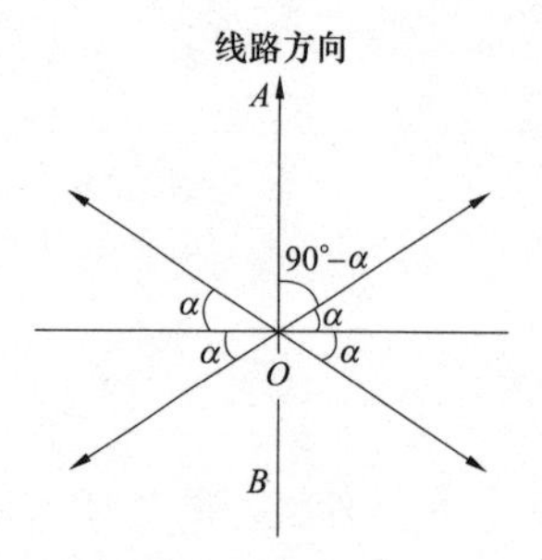

图 1–4–21　拉线平面示意

$90^\circ-\alpha$，确定拉线方向 OE。在 OE 方向地面上立塔尺，测出固定高差 h，代入式（1–4–9），求出杆坑中心到拉线坑中心的水平距离 D。从 O 点往 OE 方向用皮尺量取距离 D，即得拉线坑中心点 K，从 K_0 点退回 ΔD，即得马道口点 K。以同样方法可确定其他 3 个拉线坑。

4. 计算举例

【例 1–4–2】 如图 1–4–20 中，已知高差 $h=-5\text{m}$，拉线与杆轴夹角 $\beta=30^\circ$，拉线点对地高度 H=13m，拉线盘埋深 h_0=2m，常数 C 忽略，试求杆坑中心到拉线坑中心的水平距离 D。

解：

$$\begin{aligned}D&=(H+h_0-h)\tan\beta\\&=[13+2-(-5)]\tan 30^\circ\\&=20\times 0.577\\&\approx 11.54(\text{m})\end{aligned}$$

三、特殊地形拉线分坑

在山区地带地形变化较大，尤其在斜坡上双杆的两杆坑中心点 O_A、O_B，拉线出土点 K，拉线坑中心点 K_0 的标高均不相等，此时分坑测量比较复杂，下面分别介绍。

1. 连续斜坡时拉线分坑

如图 1–4–22 所示，仪器置杆坑中心点 O，在拉线方向任意点竖塔尺，使望远镜中丝读数刚好等于仪器高度，测出此时垂直角，即地形的坡度角 γ，则拉线与地面的夹角分别如下。

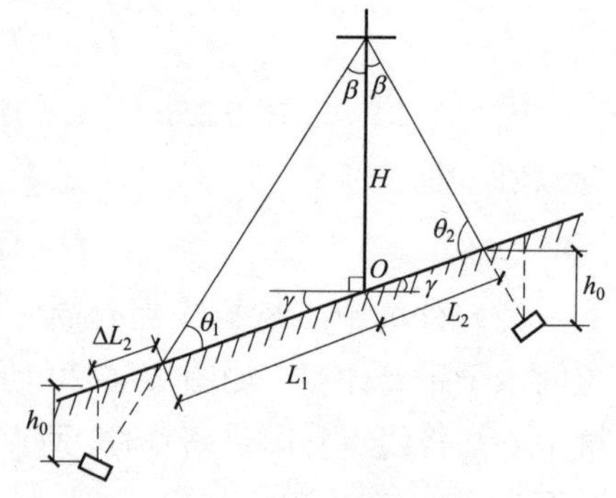

图 1–4–22　连续斜坡时拉线分坑

对于下坡方向：

$$\begin{aligned}\theta_1&=180^\circ-(90^\circ+\gamma+\beta)\\&=90^\circ-(\gamma+\beta)\end{aligned}$$

对于上坡方向：

$$\begin{aligned}\theta_2&=180^\circ-\beta-(90^\circ-\gamma)\\&=90^\circ+(\gamma-\beta)\end{aligned}$$

由正弦定理，得下坡方向关系式为

$$\frac{L_1}{\sin\beta}=\frac{H}{\sin\theta_1}$$

得

$$L_1=\frac{H\sin\beta}{\sin\theta_1}=\frac{H\sin\beta}{\sin[90^\circ-(\gamma+\beta)]}=\frac{H\sin\beta}{\cos(\beta+\gamma)} \quad (1\text{–}4\text{–}10)$$

同理可得

$$\Delta L_1=\frac{h_0\sin\beta}{\sin\theta_1}=\frac{h_0\sin\beta}{\cos(\beta+\gamma)} \quad (1\text{–}4\text{–}10)'$$

由正弦定理，得上坡方向关系式为

$$\frac{L_2}{\sin\beta}=\frac{H}{\sin\theta_2}$$

得

$$L_2=\frac{H\sin\beta}{\sin\theta_2}=\frac{H\sin\beta}{\sin[90^\circ+(\gamma-\beta)]}=\frac{H\sin\beta}{\cos(\gamma-\beta)} \quad (1\text{–}4\text{–}11)$$

操作方法：从 O 点在拉线方向量取斜距 L_1，得 K 点（即马道口），量取斜距 $L_1+\Delta L_1$，得 K_0 点（即拉线坑中心点），以同样的方法可得到斜坡上其他拉线坑的准确位置。但在斜坡上拉线盘埋深标准一般是：对于下坡方向，以拉线坑中心地面起算；对于上坡方向，应以马道口点起算。

2. 主杆（双杆）地形有高差时拉线分坑

如图 1–4–23 所示，杆坑中心 O_A、O_B 间高差为 ΔH，① 对于低侧杆 O_A 侧拉线按原来的步骤计算与分坑；② 对于高侧杆 O_B 侧拉线应以 $H-\Delta H$ 作为拉线点对地高进行计算与分坑，切记。

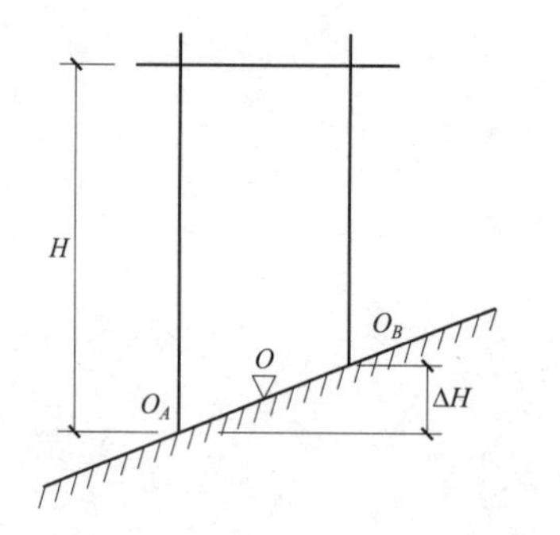

图 1–4–23　主杆地形有高差时拉线分坑

四、拉线长度计算

1. 拉线长度的有关因数

拉线长度计算较为方便，其与以下参数有关：① 拉线点对地高度 H；② 杆坑中心 O 与拉线出土点 K（马道口）之间的高差 h；③ 拉线与杆轴交角β。

2. 拉线长度的计算公式

拉线长度由三角公式可得，即

$$L=\frac{H-h}{\cos\beta} \tag{1–4–12}$$

3. 实际问题

拉线连接时，上把用楔型线夹挂于拉线抱箍挂板上，下把用 UT 型线夹挂于拉线棒鼻子上，如果扣去两端长度（大于 1 m），则拉线实际长度应减短。但事实上，上把与下把拉线在楔型线夹和 UT 型线夹中固定时，两端均有回头，所以拉线长度按式（1–4–12）计算基本合理。

第四节　基础操平与找正

基础的操平与找正是一项比较复杂而又细致的工作。若方法不当或操作错误，则将会给下道工序带来麻烦，甚至造成基础位移，组立杆塔困难等严重的质量事故。所以，施工操作人员必须十分重视，精心施工，基础的操平与找正是决定基础工程质量的重要环节。

基础的操平与找正工作，按基础的形式不同分为混凝土杆基础、地脚螺栓基础等几种。无论哪种类型的基础，必须具备以下三个条件：

（1）杆塔中心必须正确。

（2）转角杆塔位移和分角坑必须正确。

（3）根开尺寸、坑口尺寸、坑深尺寸必须符合设计图纸要求。

一、混凝土杆基础

混凝土杆基础分为单杆和双杆两类，一般都有底盘。操平找正就是将底盘按设计要求放在坑底的正确位置上，介绍如下。

1. 单杆

（1）检查坑深及坑底操平：

1）仪器置坑口任意合适位置；

2）调节望远镜使其视线水平（垂直角读数为 90° 或 270° ），固定垂直度盘，量取仪器高度；

3）在坑中心及四角竖塔尺，观察读数是否相等，若相等则表示杆坑已平整；

4）检查读数与仪器高度之差是否刚好等于底盘埋深，若小于则继续开挖，若坑深超过 100～300mm 时，可填土夯实，超过 300mm 以上，应铺石灌浆处理。

（2）底盘找正：① 将底盘中心预先确定好，然后放入坑内进行找正；② 在分坑时顺线路方向与横线路方向打下的 A、B、C、D 4 个辅助桩上拉十字弦线，在弦线交点处悬垂球，检查底盘中心是否对准垂球尖。若有偏差可用钢钎、撬棍将底盘移正，则底盘中心就是原线路的杆位中心桩。

2. 双杆

（1）检查坑深及坑底操平：

1）仪器置杆塔中心桩 O 点；

2）调整经纬仪使视线水平，固定垂直度盘，量取仪器高度，将塔尺竖直立于坑底，如图 1–4–24 所示，则塔尺上应读到的标准读数为

$$M=i+\Delta H+h_0$$

式中 i ——仪器高度，m；

ΔH ——施工基面降低高度，m；

h_0 ——标准坑深，m。

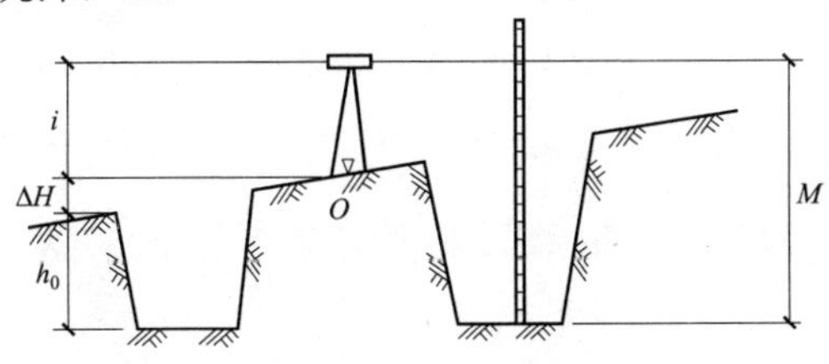

图 1–4–24　双杆基础操平

3）在塔尺上将 M 值做一记号，将塔尺分别竖直立于两杆坑的中心及四角。若仪器水平视线与塔尺上记号重合，则表示坑深合适。

4）操平时，如果塔尺上的记号高于水平视线时，表示坑深不够，应再挖至标准位置，如果塔尺上的记号低于水平视线位置，则表示坑深超过要求的深度，其超过部分应按要求处理。

（2）底盘找正：

1）先确定底盘中心点，然后放入坑内进行找正；

2）在分坑测量时打下的 A、B、C、D、E、F 6 个辅助桩上分别拉十字弦线，得到两交点，在交点处悬垂球，移动底盘使中心对准垂球尖即可；

3）用钢皮尺丈量两十字弦线交点间的距离，应该正好等于杆塔根开尺寸，若有误差，则应查找原因，再进行调整和找正，直到两底盘都找正并处于同一深度为止。

二、地脚螺栓基础

1. 检查坑深及坑底操平

地脚螺栓基础检查坑深及坑底操平的方法与单、双杆类似。

2. 底座模板找正

底座模板找正如图 1–4–25 所示。

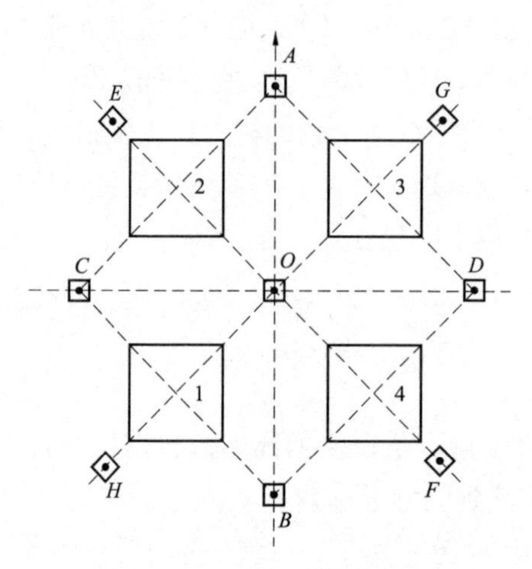

图 1–4–25　底座模板找正

（1）在原分坑测量时打下的辅助桩上拉十字弦线，如图 1–4–25 所示中 2 号坑，在 CA 和 EO 上拉十字弦线，注意，A、B、C、D、E、F、G、H 8 个辅助桩应高出地脚螺栓 5～10cm。

（2）将底座模板放入基坑内，对成正方形并固定，在模板四边中点各钉一小铁钉，用线绳拉成十字，十字交点为底座模板的中心位置。

（3）在 CA 和 EO 的十字弦线交点上悬垂球，移动底座模板，使底座模板中心与 CA 和 EO 十字弦线交点重合。

（4）量取 O 点到交点处的距离，检查其是否等于 $\frac{\sqrt{2}}{2}X$，并在 OE 弦线上划上记号。

3. 立柱模板找正

（1）调整立柱模板下口的中心位置，使之与底座模板中心相吻合，并用撑木固定。

（2）找正立柱模板上口位置，方法同底座模板找正基本相同，找正时调整撑木，使上口中心与垂球尖端重合，并使上口对角线与 OE 弦线重合。

（3）模板安装后应检查立柱模板的垂直度，并检查 4 个基础立柱模板上口中心的相互距离，对角线距离及基础顶面高差等项目，其均应与规定的数据相符合。钢模支立如图 1–4–26 所示。

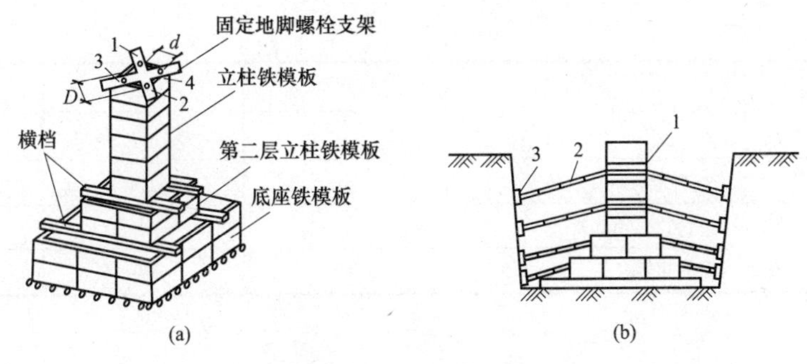

图 1–4–26　钢模支立

（a）钢模及螺栓间距；（b）模板支撑

1—钢模板；2—支撑木；3—垫木板

4. 地脚螺栓找正

地脚螺栓大多采用小样板法找正。如图 1–4–26（a）所示。小样板是用两条木板按地脚螺栓的规格、基础主柱对角线、地脚螺栓相互间的距离 d 及螺栓对角线距离 D 做成的样板，利用小样板进行地脚螺栓找正的步骤如下：

（1）将地脚螺栓套入小样板内，并放在主柱模板上，从杆塔中心点 O 用钢卷尺从 OE 方向量取距离 $E_0+\dfrac{D}{2}$和$E_0-\dfrac{D}{2}$，得 1、2 点。

（2）找正时，使对角线上两地脚螺栓中心分别与 1、2 点在同一铅垂线上，再调节 3、4 螺栓使 2 到 4 和 1 到 3 地脚螺栓距离都等于 d。按同样的方法找正另外 3 个小样板上地脚螺栓的位置。

（3）地脚螺栓找正后，对 4 个主柱的小样板操平，使其尽量在同一平面上。仔细检查地脚螺栓间距 d 及对角线 D，当螺栓间、4 个基础间各螺栓的距离全部符合要求后，再把小样板固定在立柱模板上。

（4）小样板固定后，按基础主柱标高测出基础面应在的位置，并做记号，然后按此记号适当调整各螺栓露出基础面的长度。

当整基铁塔基础浇制完毕经填土夯实后，尺寸的误差应不超过表 1–4–2 的规定。

表 1–4–2　　整基铁塔基础允许误差表

误差项目		地脚螺栓式		主角钢插入式		高塔基础
		直线	转角	直线	转角	
整基基础中心与中心桩之间位移（mm）	横线路方向	30	30	30	30	30
	顺线路方向		30		30	

续表

误 差 项 目	地脚螺栓式		主角钢插入式		高塔基础
	直线	转角	直线	转角	
基础根开尺寸及对角线尺寸（‰）	±2		±1		±0.7
基础顶面间高差（mm）	5		5		5
整基基础的扭转（′）	10		10		5

第五节 架空线的弧垂计算与观测

一、观测档距选择原则

观测档宜选档距较大和导线悬挂点高差较小且接近代表档距的线档。

耐张段在 5 档以内，选一档靠近中间的大档距观测弧垂。耐张段在 6～12 档，至少在两端各选一个大档距观测弧垂，但不宜选有耐张塔的档内。耐张段在 12 档以上，至少在两端及中间各选一个大档距观测弧垂，同样不宜选耐张塔的档内。弧垂观测档的数量可以根据现场条件适当增加，但不得减少。

二、观测档的弧垂计算

1. 导线悬挂点等高

导线悬挂点等高（即 $\frac{h}{l}\leqslant 10\%$ ）时，观测弧垂为

$$f=f_{\mathrm{D}}\left(\frac{l}{l_{\mathrm{D}}}\right)^{2} \tag{1-4-13}$$

2. 导线悬挂点不等高

导线悬挂点不等高（即 $\frac{h}{l}\geqslant 10\%$ ）时，观测弧垂为

$$f'=\frac{f_{\mathrm{D}}\left(\frac{l}{l_{\mathrm{D}}}\right)^{2}}{\cos\varphi} \tag{1-4-14}$$

3. 孤立档的弧垂计算

孤立档观测弧垂时，架空线的一侧已连有耐张绝缘子串，其弧垂观测值为

$$f_{\mathrm{e}}=f\left[1+\frac{g_{0}-g}{g}\left(\frac{\lambda}{l}\right)^{2}\right]^{2} \tag{1-4-15}$$

$$g_{0}=G_{0}/\lambda s$$

上述三式中　f、f'、f_e ——分别为悬挂点等高、悬挂点不等高、孤立档的观测弧垂，m；

f_D ——代表档距下的弧垂（查安装曲线），m；

l ——观测档实际档距，m；

l_D ——耐张段代表档距，m；

g ——导线或避雷线比载，kg/（mm^2 • m）；

g_0 ——绝缘子串比载，kg/（mm^2 • m）；

λ ——绝缘子串长度，m；

G_0 ——绝缘子串质量，kg；

S ——导线截面积，mm^2；

φ ——悬点高差角，°。

三、观测弧垂的方法

直接观测弧垂的方法有等长法和异长法，用仪器观测弧垂的方法有档侧角度法、档端角度法、档内角度法、档外角度法、平视法。

1. 等长法（平行四边形法）

等长法的操作步骤首先按相应的公式计算观测档的中点弧垂 f，然后分别在观测档的两基杆塔上由悬挂点起垂直往下量取距离 f，在距离 f 处各绑一块弧垂板，使 $AA_0=BB_0=f$，如图 1–4–27 所示。紧线时调整导线的拉力，使导线与视线 A_0B_0 相切，此时该档距的中点弧垂就是所求的 f 值。

2. 异长法（不等长法）

（1）关系式。如图 1–4–28 所示，a、b 与 f 之间存在下列关系

$$\sqrt{a}+\sqrt{b}=2\sqrt{f} \tag{1-4-16}$$

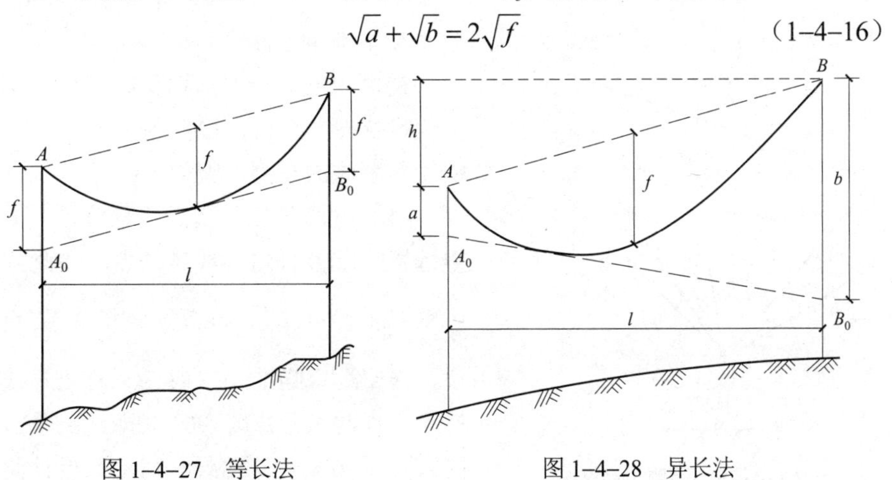

图 1–4–27　等长法　　　　图 1–4–28　异长法

若确定一合适的 a 值，则按式（1–4–16）可求出相应的 b 值为

$$b=(2\sqrt{f}-\sqrt{a})^2 \qquad (1\text{–}4\text{–}16)'$$

（2）式（1–4–16）的适用范围。由式（1–4–16）可知，当 $a=4f$ 时，$b=0$，即切点为导线悬挂点，显然，此时不能观测弧垂，因此必须规定 $a\,(b)$ 的适用范围，为 $0< a\,(b) <4f$，通常取低悬点杆塔为小值，高悬点杆塔为大值，其观测弧垂比较准确。

（3）异长法操作步骤。首先按相应公式计算观测档的弧垂 f，然后根据悬挂点高差 h 与弧垂 f 确定 a 值（目的是使观测弧垂的视线尽量靠近导线最低点附近）。将 a、f 代入式（1–4–16）′，便可解出 b 值。根据 a、b 值分别置弧垂板于 A_0、B_0 点，使 $AA_0=a$，$BB_0=b$。紧线时调整导线拉力，使导线与视线（A_0B_0）相切，则档距中点弧垂就是所要求的弧垂 f。

（4）异长法检查导线弧垂。线路在运行中若需检查某档弧垂，可采用异长法观测，然后利用关系式反求导线弧垂。操作步骤：如图 1–4–28 所示，首先在选定档任一杆塔上确定弧垂板绑扎点 A_0，并确定导线悬挂点 A 到 A_0 点的 a 值，注意此时因导线带电，a 值不能直接量取，应按横担往下扣除悬垂绝缘子串及附件长度考虑。再到另一杆塔上，用手横拿弧垂板，一边登塔一边观察弧垂板，当横拿着的弧垂板、导线、A_0 3 点在同一直线上时，则手横拿着的弧垂板位置就是 B_0 点，同样确定 B 到 B_0 的距离 b 值。最后按异长法观测弧垂的关系式 $\sqrt{a}+\sqrt{b}=2\sqrt{f}$，即可求出该检查档的导线弧垂值为

$$f=\frac{(\sqrt{a}+\sqrt{b})^2}{4} \qquad (1\text{–}4\text{–}17)$$

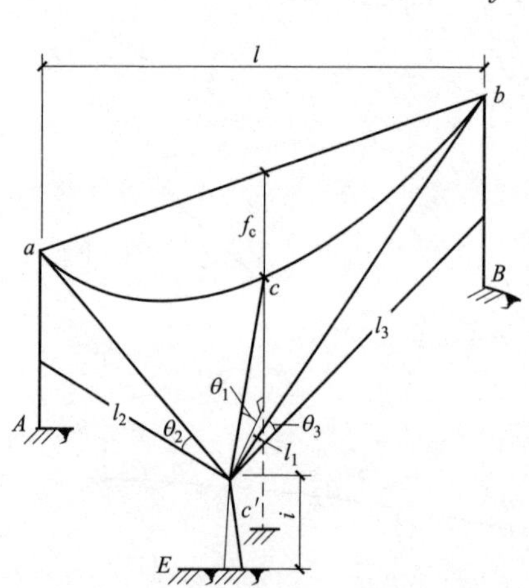

图 1–4–29　档侧角度法

3. 档侧角度法

档侧角度法一般适用于在平地且侧面能架设仪器的档内，根据图 1–4–29 所示，档侧角度法的观测步骤如下：

（1）仪器置 A 杆塔导线悬挂点下方，望远镜瞄准 B 杆塔导线悬挂点，在此方向 $\frac{l}{2}$ 处测设一点 C'。再将仪器移至 C' 点架设，将望远镜瞄准 A（或 B）杆塔导线悬挂点，以此水平角转 90°（即线路垂直方向），在此方向约 2 倍导线对地高度处测设

一点 E，测出 $C'E$ 水平距离 l_1。

（2）仪器移至 E 点，分别测出导线悬挂点 a 的垂直角 θ_2、水平距离 l_2，悬挂点 b 的垂直角 θ_3、水平距离 l_3，则

$$\left.\begin{aligned} H_{\mathrm{a}} &= l_2 \tan\theta_2 \\ H_{\mathrm{b}} &= l_3 \tan\theta_3 \\ H_{\mathrm{c}} &= l_1 \tan\theta_1 \end{aligned}\right\} \tag{1–4–18}$$

从图 1–4–29 中可得

$$H_{\mathrm{c}} = \frac{H_{\mathrm{a}} + H_{\mathrm{b}}}{2} - f_{\mathrm{c}} = \frac{l_2 \tan\theta_2 + l_3 \tan\theta_3}{2} - f_{\mathrm{c}} \tag{1–4–19}$$

将两式联列求解，得

$$\tan\theta_1 = \left(\frac{\dfrac{H_{\mathrm{a}} + H_{\mathrm{b}}}{2} - f_{\mathrm{c}}}{l_1}\right) = \left(\frac{\dfrac{l_2 \tan\theta_2 + l_3 \tan\theta_3}{2} - f_{\mathrm{c}}}{l_1}\right) \tag{1–4–20}$$

式中 f_{c} 即观测档中点弧垂 f。

（3）仪器返回对准 C' 点，调整垂直角为 θ_1，锁住垂直制动螺旋；

（4）紧线时，调整中相导线拉力，使导线与经纬仪中丝相切，此时中相导线档距中点弧垂即为 f；若观测远、近边线弧垂时，则应分别测出相应导线悬挂点垂直角和水平距离，代入式（1–4–20），即可求得相应的观测角。

如图 1–4–29 所示，运行中的档侧中点角度法操作步骤如下：

（1）仪器置 A 杆塔导线悬挂点下方，望远镜瞄准 B 杆塔导线悬挂点，在此方向 $\dfrac{l}{2}$ 处测设一点 C'。再将仪器移至 C' 点架设，将望远镜瞄准 A（或 B）杆塔导线悬挂点，以此水平角转 90°（即线路垂直方向），在此方向约 2 倍导线对地高度处测设一点 E。

（2）仪器移至 E 点，分别测出 $C'E$ 水平距离 l_1、档距中点导线 c 的垂直角 θ_1，导线悬挂点 a 的垂直角 θ_2、水平距离 l_2，悬挂点 b 的垂直角 θ_3、水平距离 l_3。同理，可得式（1–4–18），但此时垂直角 θ_1 是已知值。由图中关系可求得

$$f = f_{\mathrm{c}} = \frac{H_{\mathrm{a}} + H_{\mathrm{b}}}{2} - H_{\mathrm{c}} = \frac{l_2 \tan\theta_2 + l_3 \tan\theta_3}{2} - l_1 \tan\theta_1 \tag{1–4–21}$$

4. 档端角度法

（1）档端角度法观测弧垂如图 1–4–30 所示。

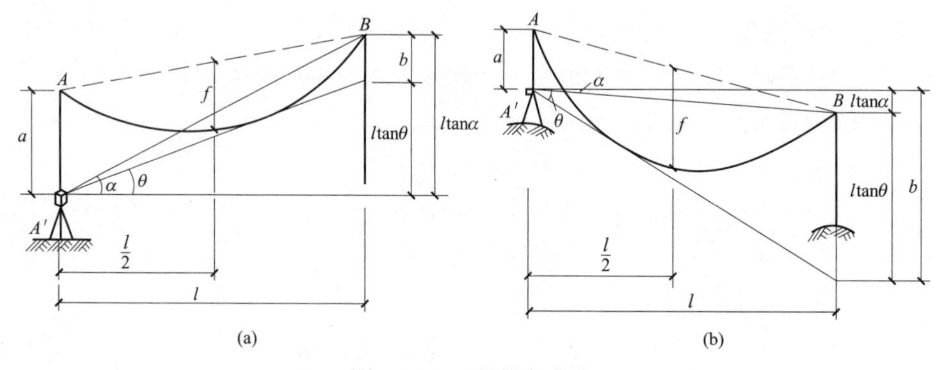

图 1–4–30　档端角度法

（a）仰角观测；（b）俯角观测

图中各符号的含义如下：

A、B ——导线悬挂点，A'为 A 点在地面的垂直投影；

a ——仪器中心至 A 点的垂直距离；

f ——档中弧垂（由相应公式确定）；

θ ——仪器视线与导线相切时的垂直角，简称观测角，仰角为正，俯角为负；

α ——仪器安置在 A'点瞄准 B 悬挂点时的垂直角；

l ——档距。

（2）关系式。由图 1–4–30 所示，可得关系：

$$b = l\tan\alpha - l\tan\theta$$

则

$$\tan\theta = \tan\alpha - \frac{b}{l} \tag{1–4–22}$$

由已知的 a、f 先求出 b，然后代入式（1–4–22）便可求出观测角θ。

（3）档端角度法适用条件。因为档端角度法也是异长法的一种，所以，适用条件同样是 $0 < a\,(b) < 4f$。注意，避免在 b 值很小的档距利用档端角度法观测弧垂，才能得到精度较高的观测结果。

（4）档端角度法观测步骤：① 仪器安置在 A'点，量出 a 值（$a=AA'-i$），根据 a、f 求出 b，代入式（1–4–22）再求出观测角θ。调节仪器垂直角，使其等于θ，并锁住望远镜制动螺栓；② 紧线时，调整中相导线拉力，使导线与经纬仪中丝相切，此时中相导线档距中点弧垂即为f；③ 移动仪器至相应边导线底下，重复步骤①、②，即可准确观测两边线弧垂。

（5）档端角度法检查导线弧垂。如图 1–4–30 所示，首先在选定档任一杆塔导线悬点下方安置仪器，将望远镜中丝对准另一杆塔导线悬挂点，测出导线悬挂点垂直角α。再将望远镜中丝与导线相切，测出导线垂直角θ，则$b=l\tan\alpha-l\tan\theta=l(\tan\alpha-\tan\theta)$。根据杆塔高度和仪器架设高度求出 a 值（$a=AA'-i$）。如果线路已运行但杆塔高度未知，也可采用仪器测出 a 值，如图1–4–31所示。操作方法：在测站点 A′处竖立塔尺或花杆，并将仪器高度值在塔尺上做标记A_1，再将仪器移至另一点 C 架设，测出 C 到A' 的水平距离l_1。将望远镜中丝对准塔尺上标记，测出垂直角θ_1；再将望远镜中丝对准导线悬挂点 A，测出垂直角α_1，则$a=l_1\tan\alpha_1-l_1\tan\theta_1=l_1(\tan\alpha_1-\tan\theta_1)$。最后按异长法观测弧垂的关系式$\sqrt{a}+\sqrt{b}=2\sqrt{f}$，即可求出该检查档的导线弧垂为$f=\dfrac{(\sqrt{a}+\sqrt{b})^2}{4}$。

5. 档内、档外角度法

从图1–4–32和图1–4–33所示的a、b、h、l及l_1之间的关系可知，档内、档外角度法观测角的计算公式为

$$\tan\theta=\frac{a+h-b}{l-l_1} \tag{1–4–23}$$

规定采用档内角度法时$l_1>0$，采用档外角度法时$l_1<0$，采用档端角度法时$l_1=0$。

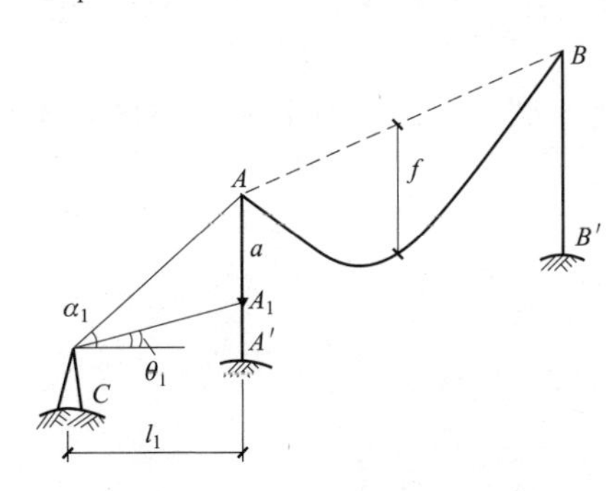

图1–4–31　用仪器测量a值

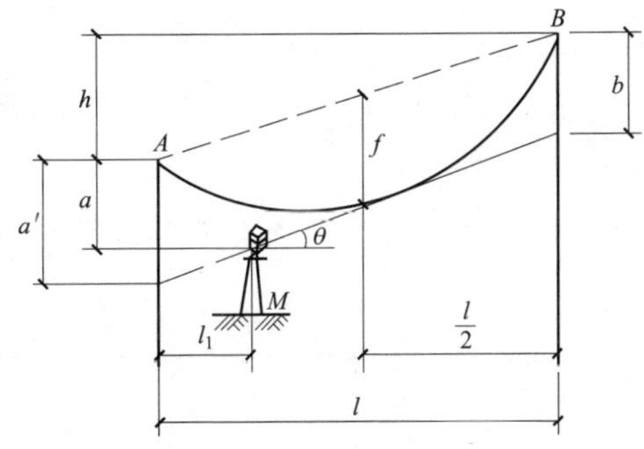

图1–4–32　档内角度法

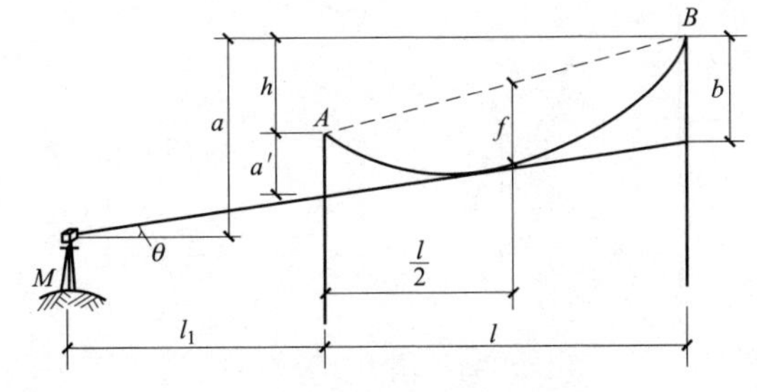

图1–4–33　档外角度法

无论采用档内角度法、档外角度法还是档端角度法观测弧垂，式（1–4–23）均适用。另外，此时与异长法对应的公式为$\sqrt{a'}+\sqrt{b}=2\sqrt{f}$，而$a'=a+l_1\tan\theta$代入式(1–4–23)，可得$\tan^2\theta+\dfrac{2}{l}\left(4f-h-8\dfrac{l_1f}{l}\right)\tan\theta+\dfrac{1}{l^2}[(4f-h)^2-16af]=0$，设$A=\dfrac{2}{l}\left(4f-h-8\dfrac{l_1f}{l}\right)$，$B=\dfrac{1}{l^2}[(4f-h)^2-16af]$，则$\tan^2\theta+A\tan\theta+B=0$，即

$$\tan\theta=-\frac{A}{2}+\sqrt{\left(\frac{A}{2}\right)^2-B} \tag{1–4–24}$$

采用档内角度法、档外角度法观测弧垂时，除了采取必要的操作方法来保证观测质量外，还要求在选择测站点M时，尽量使仪器的视（切）线靠近导线最低点附近，这样才能提高观测弧垂的精度。所以选择M点时，应使观测角θ最好小于导线悬挂点的高差角$\varphi\left(\tan\varphi=\dfrac{h}{l}\right)$。

档内、档外角度法观测步骤如下：

（1）仪器安置在M点，确定a值。

（2）观测A、B点的垂直角α与β，如图1–4–34或图1–4–35所示，利用下文介绍的式（1–4–25）计算h。

（3）根据l、l_1、a、f及h计算A、B系数，然后由式（1–4–24）求出观测角θ；

（4）观测弧垂方法与档端角度法观测弧垂相同。

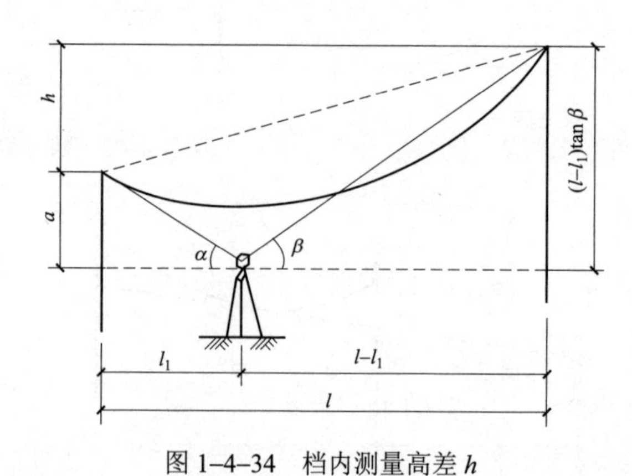

图1–4–34　档内测量高差h

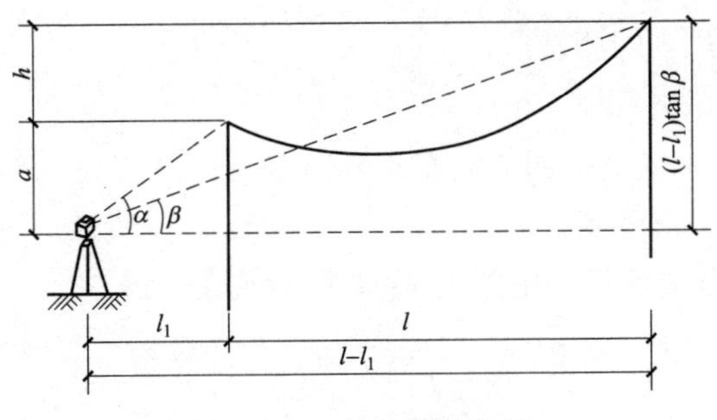

图 1–4–35　档外测量高差 h

角度法中的 h 为两悬挂点 A、B 之间的高差，h 值可利用式（1–4–25）求出，无论是档内角度法还是档外角度法观测弧垂，均可由图 1–4–34 和图 1–4–35 可知

$$h=(l-l_1)\tan\beta-a \tag{1–4–25}$$

a 值可直接量取，也可通过观测垂直角 α，然后利用公式 $a=l_1\tan\alpha$ 进行计算。

6. 平视法

如果在大高差、大跨越、弧垂 f 大于导线悬挂点对地高度 H 的档距内观测弧垂时，等长法、异长法、档外角度法都不适用。档内角度法、档侧角度法虽然适用，但计算工作量较大；档端角度法能使用且计算工作量较小，但因高差大、弧垂大，计算所求的观测角（俯角）也很大，观测精度会下降。若采用平视法，则可使工作量减少，并能提高观测精度，如图 1–4–36 所示。

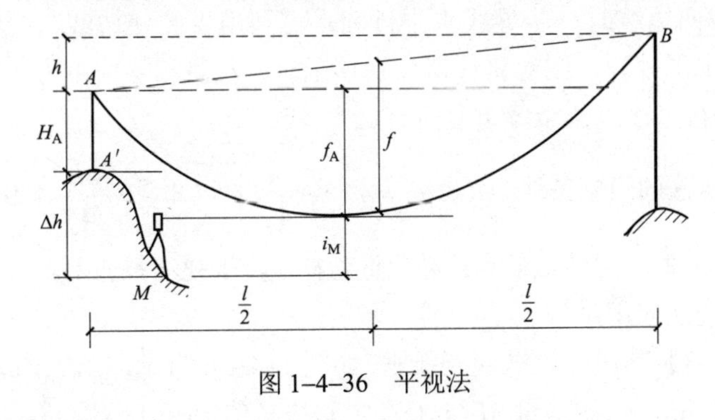

图 1–4–36　平视法

图中各符号的含义如下：

h——导线悬挂点 A、B 之间的高差，m；

f_A——由低悬挂点 A 计算的水平弧垂；

H_A——导线低悬挂点 A 与其在地面垂直投影点 A'之间的距离（m），即 $H_A=AA'$；

M——观测弧垂的测站点；

i_M——M点仪器高度，m；

Δh——A'点与M点之间的高差，m；

f——档距中点弧垂。

（1）平视法有关计算。由图1–4–36所示关系可得

$$\left.\begin{aligned} f_A &= f\left(1-\frac{h}{4f}\right)^2 \\ \Delta h &= (f_A + i_M) - H_A \end{aligned}\right\} \qquad (1\text{–}4\text{–}26)$$

（2）平视法观测步骤：

1）根据h、f值求出f_A，然后由已知的H_A、f_A及假设的仪器高度i_M（1.5～1.7m为宜），利用式（1–4–26）计算Δh；

2）仪器置A′点，与司尺员配合在线路下方找到高差为Δh的测站点M，同时设立标志；

3）将仪器移至M点，使仪器高度等于假设仪器高度i_M，并将望远镜视线调整水平（此时架设的仪器高度与假设仪器高度稍有偏差或仪器架设点与M点略有偏差，对观测精度影响不大）；

4）调整导线拉力，使导线最低点与仪器水平视线相切，此时其档距中点的弧垂就是所求的f值；

5）观测两边线时，若导线水平排列，可利用目测使边线与中线同高。如果导线不是水平排列，则应将仪器分别移至对应观测相导线下方，重新计算f_A和Δh值，再按上述观测步骤重复进行。

（3）平视法的限制条件。由式$f_A = f\left(1-\frac{h}{4f}\right)^2$可知，$1-\frac{h}{4f}\leqslant 0$时平视法不适用，即$h\geqslant 4f$时，导线最低点已超出低悬挂点，平视法不适用。

（4）平视法应用举例。

【例1–4–3】 利用平视法观测弧垂，如图1–4–36所示，设H_A=12m，h=20m，f=25m，i_M=1.5m，求测站点M与A'点之间的高差。

解：

$$\begin{aligned} f_A &= f\left(1-\frac{h}{4f}\right)^2 \\ &= 25\left(1-\frac{20}{4\times 25}\right)^2 \\ &= 16\text{（m）} \end{aligned}$$

$$\begin{aligned}\Delta h &= (f_A + i_M) - H_A \\ &= (16 + 1.5) - 12 \\ &= 5.5\text{（m）}\end{aligned}$$

四、观测弧垂时应注意的问题

（1）观测弧垂时，应顺着阳光观测，从低处向高处观测，并尽可能选择相邻杆塔上弧垂板的背景没有树的档距。

（2）紧线者与观测者之间必须紧密地用对讲机联系，或者采用规定的旗语进行联系。采用等长法观测弧垂，在尚未达到规定的弧垂值时，观测者应对紧线者传话“还有几米或几厘米”，观测者所观测的架空线切点，在相邻杆塔上的投影点与弧垂板之间的距离，约为实际规定的弧垂与紧线中弧垂之差的2倍，即报告相差弧垂应减半，如图1–4–37所示。

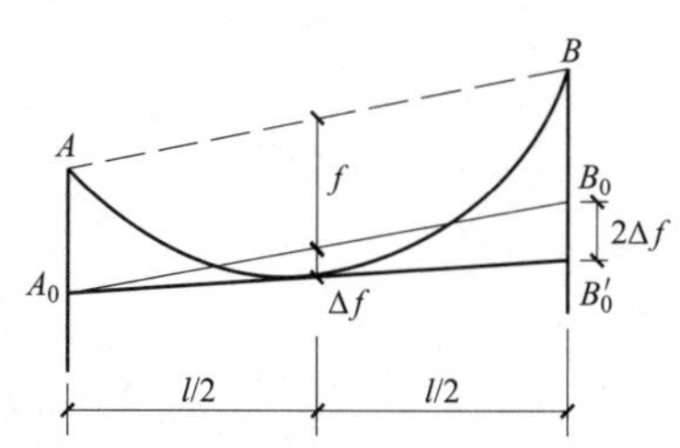

图1–4–37　等长法观测弧垂的调整方法

（3）观测弧垂时应用温度计测定气温，温度计必须挂在阳光能照到的空间（不要直射），以求得能够代表导地线处的真实气温，当观测弧垂时的气温与计算观测弧垂时所取的气温相差不超过±2.5℃时，可不调整弧垂板。如果气温变化超过2.5℃时，则应重新调整弧垂板，然后再观测。

（4）尽量避免在大风天气进行弧垂观测。

（5）大档距观测弧垂若人眼看不清楚时，可利用望远镜观测。

（6）在一个耐张段内有两个以上观测档时，特别是在连续上山或下山的耐张段，应先进行第一个观测档的弧垂调整与观测，观测完毕后再进行第二个观测档的弧垂调整与观测，依此类推（观测档的排列以挂线侧为起始）。

五、架空线弧垂误差标准

（1）对于10kV及以下线路，弧垂误差为±5%，水平排列相间误差不大于50mm。

（2）对于35～110kV线路，弧垂误差为–2.5%～+5%，最大正误差不大于500mm，水平排列相间误差不大于200mm。

（3）对于220kV线路，弧垂误差为±2.5%，水平排列相间误差不大于300mm。

第二篇

全站仪测量

为了提高测量精度、加快测量速度和减轻测量人员的劳动强度，目前线路测量大部分采用全站仪及 GPS 全球卫星定位系统。但仪器构造和使用方法因生产厂家不同而稍有差异，本篇以 GTS-100N 全站仪为例进行介绍。

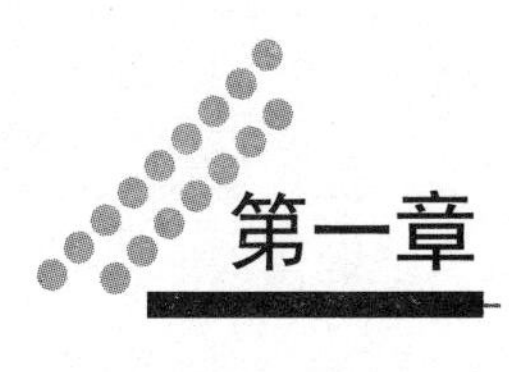

第一章

仪器各部件名称与使用

第一节　仪器各部件名称与功能

一、仪器外观部件名称

仪器外观各部件名称，如图 2–1–1 所示。

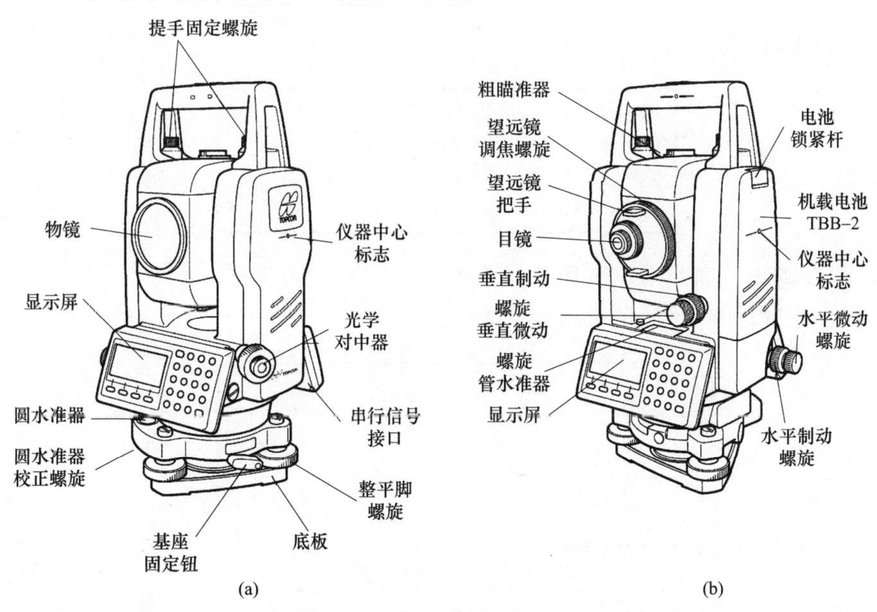

图 2–1–1　GTS–100N 全站仪

（a）物镜面；（b）目镜面

二、显示装置

1. 显示屏

显示屏采用点阵式液晶显示器（LCD），可显示 4 行，每行 20 个字符，通常前 3 行显示测量数据，最后一行显示随测量模式变化的按键功能。

2. 对比度与照明

显示屏的对比度与照明可以调节，参考“菜单模式”或“星键模式”。

3. 加热器（自动）

当气温低于 0℃时，仪器内装的加热器会自动工作，以保持显示屏正常显示。加热器开/关的设置方法参见说明书中的“加热器开/关”内容。在加热器使用时，电池工作时间会变得短一些。

4. 示例

（1）角度、距离、高差标准显示模式。

1）角度测量模式显示如下：

V：	90° 10′ 20″		
HR：	120° 30′ 40″		
置零	锁定	置盘	P1↓

2）距离测量模式显示如下：

HR：	120° 30′ 40″		
HD*	65.432 m		
VD：	12.345 m		
测量	模式	S/A	P1↓

（2）距离、高差用英制单位显示模式。

1）以英尺为单位时，显示如下：

HR：	120° 30′ 40″		
HD*	123.45f		
VD：	12.34f		
测量	模式	S/A	P1↓

2）以英尺与英寸为单位时，显示如下：

HR：	120° 30′ 40″		
HD*	123.04.6f		
VD：	12.34f		
测量	模式	S/A	P1↓

5. 显示符号说明

各显示符号的说明如表 2–1–1 所示。

表 2-1-1 显 示 符 号

显 示	说 明	显 示	说 明
V%	垂直角（坡度显示）	*	EDM（电子测距）正在进行
HR	水平角（右角）	m	以米为单位
HL	水平角（左角）	f	以英尺/英尺与英寸为单位
HD	水平距离		
VD	高差		
SD	倾斜距离		
N	北向坐标		
E	东向坐标		
Z	高程		

三、操作键

1. 操作键面

操作键面如图 2-1-2 所示。

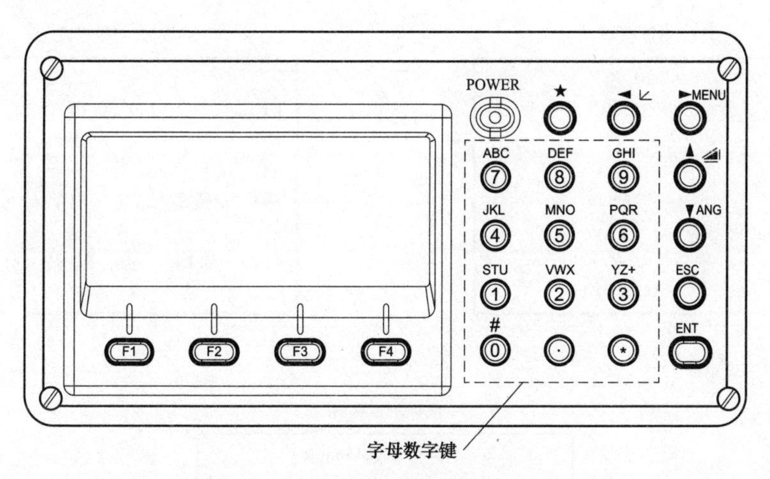

图 2-1-2 操作键面

2. 各符号说明

键面各符号名称与功能如表 2-1-2 所示。

表 2–1–2　　　　　　　　　　键面各符号说明

键	名　称	功　能
★	星键	星键模式用于如下项目的设置或显示：① 显示屏对比度；② 十字丝照明；③ 背景光；④ 倾斜改正；⑤ 定线点指示器（仅用于有定线点指示器类型）；⑥ 设置音响模式
	坐标测量键	坐标测量模式
	距离测量键	距离测量模式
ANG	角度测量键	角度测量模式
POWER	电源键	电源开关
MENU	菜单键	在菜单模式和正常测量模式之间切换，在菜单模式下可设置应用测量与照明调节、仪器系统误差改正
ESC	退出键	返回测量模式或上一层模式，从正常测量模式直接进入数据采集模式或放样模式，也可用做为正常测量模式下的记录键。设置退出键功能的方法参见“选择模式”
ENT	确认输入键	在输入值末尾按此键
F1～F4	软键（功能键）	对应于显示的软键功能信息

四、软键（功能键）

软键信息显示在显示屏幕的最底行，各软键的功能见下列相应的显示信息及说明。

角度测量模式

V:	90°10′20″		
HR:	120°30′40″		
置零	锁定	置盘	P1↓
倾斜	复测	V%	P2↓
H–蜂鸣	R/L	竖角	P3↓
F1	F2	F3	F4

距离测量模式

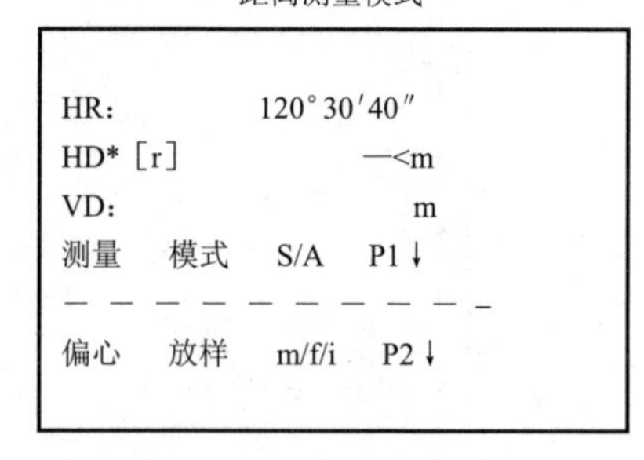

坐标测量模式

N:	123.456m		
E:	34.567m		
Z:	78.912m		
测量	模式	S/A	P1↓
镜高	仪高	测站	P2↓
偏心	——	m/f/i	P3↓

1. 角度测量模式

角度测量模式软键功能如表 2–1–3 所示。

表 2–1–3　　角度测量模式软键功能

页数	软键	显示符号	功　能
1	F1	置零	水平角置为 0°00′00″
	F2	锁定	水平角读数锁定
	F3	置盘	通过键盘输入数字设置水平角
	F4	P1↓	显示第 2 页软键功能
2	F1	倾斜	设置倾斜改正开或关，若选择开，则显示倾斜改正值
	F2	复测	角度重复测量模式
	F3	V%	垂直角百分比坡度（%）显示
	F4	P2↓	显示第 3 页软键功能
3	F1	H—蜂鸣	仪器每转动水平角 90°是否要发出蜂鸣声的设置
	F2	R/L	水平角右/左计数方向的转换
	F3	竖盘	垂直角显示格式（高度角/天顶距）的切换
	F4	P3↓	显示第 1 页软键功能

2. 距离测量模式

距离测量模式软键功能如表 2–1–4 所示。

表 2–1–4　　距离测量模式软键功能

页数	软键	显示符号	功　能
1	F1	测量	启动测量
	F2	模式	设置测距模式，精测/粗测/跟踪
	F3	S/A	设置音响模式
	F4	P1↓	显示第 2 页软键功能
2	F1	偏心	偏心测量模式
	F2	放样	放样测量模式
	F3	m/f/i	米、英尺或者英尺、英寸单位的变换
	F4	P2↓	显示第 1 页软键功能

3. 坐标测量模式

坐标测量模式软键功能如表 2–1–5 所示。

表 2–1–5　　　　　　　　坐标测量模式软键功能

页数	软键	显示符号	功　能
1	F1	测量	开始测量
	F2	模式	设置测量模式，精测/粗测/跟踪
	F3	S/A	设置音响模式
	F4	P1↓	显示第 2 页软件功能
2	F1	镜高	输入棱镜高
	F2	仪高	输入仪器高
	F3	测站	输入测站点（仪器站）坐标
	F4	P2↓	显示第 3 页软件功能
3	F1	偏心	偏心测量模式
	F2	—	—
	F3	m/f/i	米、英尺或者英尺、英寸单位的变换
	F4	P3↓	显示第 1 页软件功能

五、星键模式

按下星键（“★”）即可看到下列仪器选项，并进行设置：

（1）调节显示屏的黑白对比度（0～9 级），按“▲”或“▼”键；

（2）调节十字丝照明亮度（1～9 级），按“◀”或“▶”键；

（3）显示屏照明开/关，按 F1 键；

（4）设置倾斜改正，按 F2 键；

（5）定线点指示灯开/关，按 F3 键（仅适用于有定线点指示器类型）；

（6）设置音响模式（S/A），按 F4 键。

注意：当通过主程序运行与“★”键相同的功能时，则星键模式无效。

操作步骤：在左边键面显示情况，按下“★”键后，则显示屏上会出现如图 2–1–3 所示的符号，再按要求分别操作各符号。图中各符号功能见表 2–1–6。

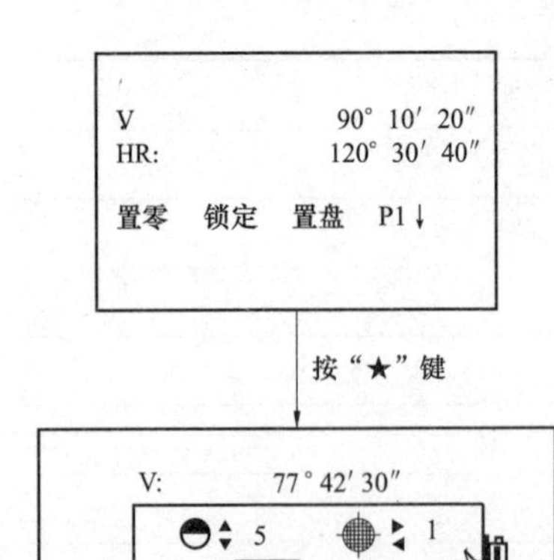

图 2–1–3　按“★”键后显示的符号

表 2-1-6　　星键模式显示符号功能

软键	显示符号	功　能
F1		显示屏背景光开关
F2		设置倾斜改正，若设置为开，则显示倾斜改正值
F3		定线点指示器开关（仅适用于有定线点指示器类型）
F4	PPM	显示 EDM 回光信号强度（信号）、大气改正值（PPM）和棱镜常数值（棱镜）
▲或▼		调节显示屏对比度（0～9 级）
◂或▸		调节十字丝照明亮度（1～9 级）。 十字丝照明开关和显示屏背景光开关是联通的

相关功能说明如下：

1. 倾斜改正

此处所作的倾斜改正设置仪器关机不保留，初始设置状况下的倾斜改正设置关机后被保留，其设置方法见本章第二节中的“垂直角倾斜改正（倾斜开/关）”。

2. 设置音响模式

该模式下可显示出接收光强度（信号强度）。当仪器接收到来自反射镜返回的光信号时就会发出蜂鸣声，对于难寻的目标，该功能将有助于迅速照准该目标。按 F4 键即可进入设置音响模式屏幕：

（1）要停止蜂鸣器工作，可参阅第三章第六节中的“选择模式”；

（2）该屏幕上还显示距离测量模式中的回光信号强度。

此外，屏幕上还可看到温度、气压、PPM（大气改正因子）和 PSM（棱镜常数）。详情可参见第三章第六节有关“设置音响模式”“设置棱镜常数”和“设置大气改正”的内容。

3. 定线点指示器（仅适用于有定线点指示器类型）

该功能使用简便，在放样测量中是非常有用的。仪器望远镜上的两个发光二极管构成定线点指示系统，用以引导持镜员走到仪器视准线方向。在气温 +20℃时，该系统的电池工作时间可达 8h。启动定线点指示功能（开）及操作方法如下：

按 F3 键即可打开定线点指示灯（两个发光二极管）。面向望远镜，右边发光管将发出闪烁光，左边发光管将发出固定的亮光。

定线点指示器使用距离可达 100m，该功能使用效果随天气和持镜员视力的不同而变化。持镜员的任务是观察仪器上的两个发光二极管，不断移动棱镜

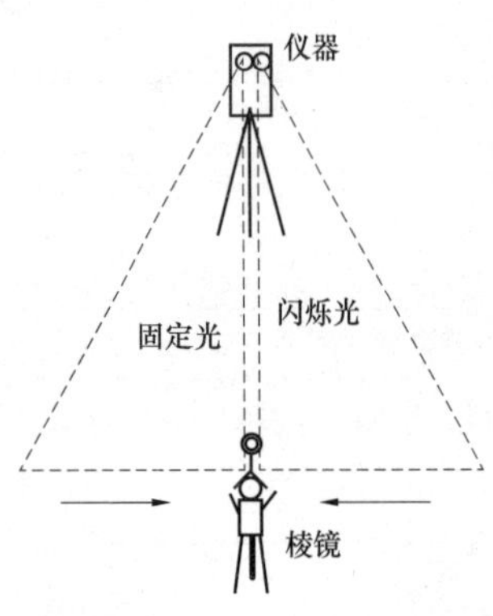

图 2–1–4 定线点指示

位置直至观察到同样亮度的两个发光二极管为止。若观察到固定光二极管更亮一些，持镜员则应向右移动；若观察到闪烁光二极管更亮一些，持镜员则应向左移动。一旦判定已观察到的两个发光二极管亮度相同时，持镜员就已位于仪器的视准线上，如图 2–1–4 所示。

关闭定线点指示功能（关）：按 F3 键即可关闭该功能。

六、RS—232C 串行信号接口

串行信号接口用来连接 GTS–100N 系列和计算机或拓普康公司数据采集器，使计算机能够从 GTS–100N 系列接收到数据或发送预置数据（如水平角等）到 GTS–100N。不同模式下的数据输出如表 2–1–7 所示。

表 2–1–7　　不同模式下的数据输出

模　式	输　出
角度模式（V,HR 或 HL）（V 以百分比形式表示）	V,HR（或 HL）
平距模式（HR,HD,VD）	V,HR,HD,VD
斜距模式（V,HR,SD）	V,HR,SD,HD
坐标模式	N,E,Z,HR（或 V,H,SD,N,E,Z）

注　1. 粗测模式下的显示和输出与表 2–1–7 一致。
　　2. 跟踪模式下只显示距离数据。

第二节　测　量　准　备

一、仪器架设

将仪器安装在三脚架上，进行精确整平和对中，确保测量成果的精度。下面介绍仪器整平与对中操作。

1. 悬垂球全站仪的架设

（1）松开三脚架升降螺旋，张开三脚立在测站点上，使高低适中（一般为齐胸），架头尽量保持水平。

（2）悬垂球初步对中，用脚将三脚架尖端踩入土中、旋紧 3 个升降螺旋，

使三脚架固定。

（3）仪器放在三脚架上，用中心螺旋固定。

（4）调节 3 只脚架升降螺旋（在泥土地中可踩 3 只脚架踏板）使圆水准器气泡居中，也可利用圆水准器粗调平仪器，操作方法如下：

1）旋转两个脚螺旋 A、B，使圆水准器气泡移到与上述两个脚螺旋中心连线相垂直的一条直线上；

2）旋转脚螺旋 C，使圆水准器气泡居中，如图 2–1–5 所示。

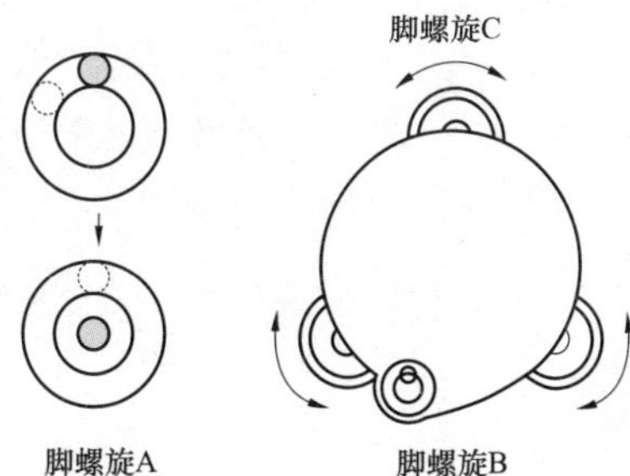

图 2–1–5　圆水准器调节

（5）检查垂球尖端是否对准测站点。若有误差，可轻轻松开中心固定螺旋，移动仪器基座使其准确地对准测站点，然后旋紧中心螺旋。

（6）利用长水准器精平仪器：

1）松开水平制动螺旋，转动仪器使管水准器平行于某一对脚螺旋 A、B 的连线，再旋转脚螺旋 A 和 B，使管水准器气泡居中，如图 2–1–6 所示；

2）将仪器绕竖轴旋转 90°，再旋转另一个脚螺旋 C，使管水准器气泡居中，如图 2–1–7 所示；

3）再次将仪器绕竖轴旋转 90°，重复步骤 1）、2），直至仪器转至任意位置上气泡均居中为止。

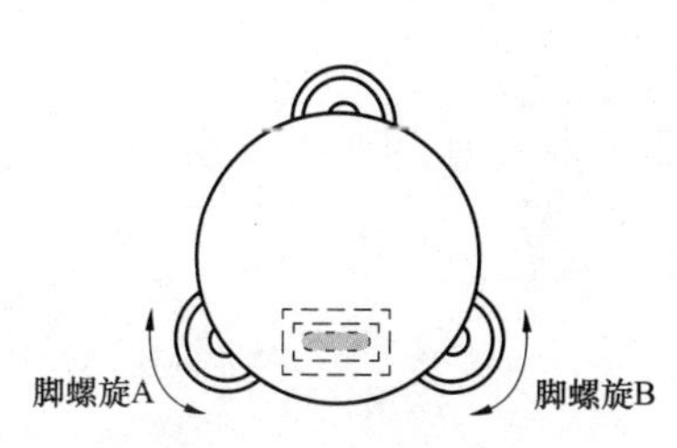

图 2–1–6　长水准器横向调节

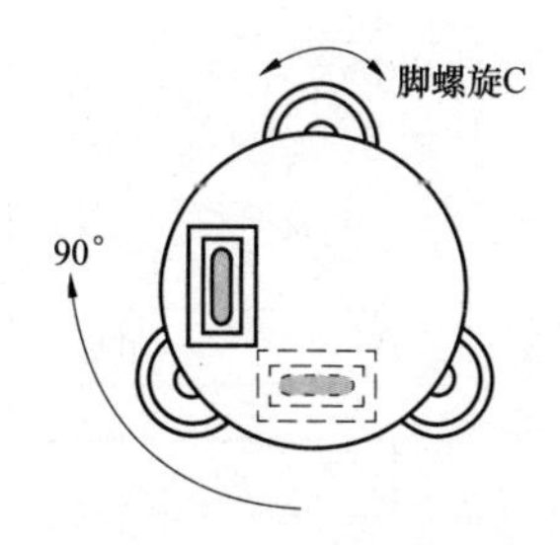

图 2–1–7　长水准器竖向调节

2. 光学对中器全站仪的架设

（1）旋松 3 只脚架升降螺旋，使其高度齐胸并旋紧。将三脚架立在测站点上，架尖在地面上基本呈 60～70cm 的等边三角形，仪器放在上面并用中心螺旋固定。

（2）将一只脚架尖踩入土中，另两只脚架由两手撑浮，眼睛盯住光学对中器，观测者一只脚抬浮在测站标桩上方来回晃动，使自己尽快在视场内发现标桩，并使仪器尽量对中标桩，然后轻轻放下两脚架。该步骤称为“粗对中”。光学对中器调节应注意两点：① 旋转光学对中器目镜，使对中器中的两圆圈最清晰；② 由于仪器脚架高度不同，导致焦距不同，调节方法是先将光学对中器往外拉，然后轻轻往里推，直至地面标桩上小铁钉最清晰为止。“粗对中”的目的是将光学对中器中的圆圈套住地面标桩上的小铁钉。

（3）利用踩三脚架踏板或调整脚架升降螺旋，使圆水准器中气泡大致居中。该步骤称“粗整平”。

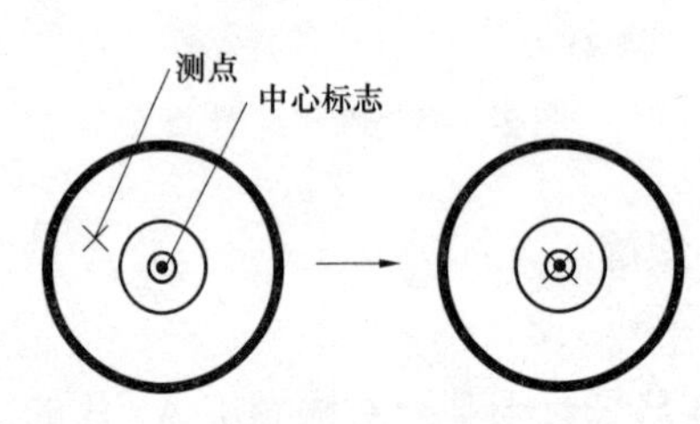

图 2–1–8　细对中

（4）检查光学对中器对中情况，若有偏差，略松中心固定螺旋，平行移动仪器底座，使仪器中心完全对准测站中心目标，然后再将中心螺旋旋紧。在轻移仪器时不要让仪器在架头上有转动，以尽可能减少气泡的偏移，如图 2–1–8 所示。该步骤称“细对中”。

（5）利用 3 只底脚螺旋在相互垂直方向调整长水准器，达到仪器旋转至任意方向都处于水平位置。该步骤称“细整平”。如图 2–1–6 和图 2–1–7 所示。

（6）再次检查对中情况，若还有偏差，应重复步骤（4）和（5），直至对中、整平完全符合要求。

二、开机及有关调节

（1）开机前应确认仪器已经整平。

（2）打开电源开关（POWER 键），显示状态如图 2–1–9 所示：

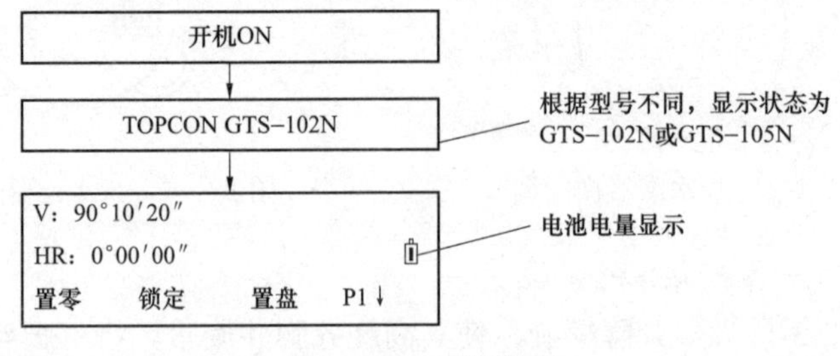

图 2–1–9　开机显示

（3）确认显示窗中显示有足够的电池电量，当电池电量不足或显示“电池用完”时应及时更换电池或对电池进行充电。电池剩余容量显示表明电源现状，如图 2–1–10 所示。

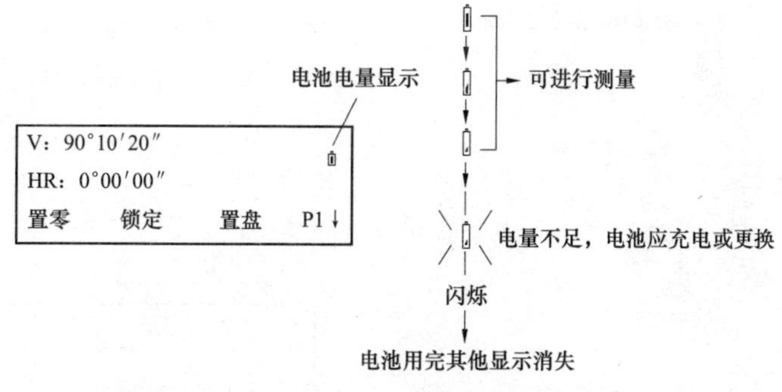

图 2–1–10　电池显示状态

说明：

1）电池工作时间的长短取决于环境条件，如周围温度、充电时间和充放电的次数等。为安全起见，建议提前充电或准备一些充好的备用电池。

2）有关电池的使用参见仪器说明书的“电源与充电”。

3）电池剩余容量显示级别与当前的测量模式有关，在角度测量模式下，电池剩余容量够用，并不能够保证电池在距离测量模式下也能用。因为距离测量模式耗电高于角度测量模式，当从角度模式转换为距离模式时，由于电池容量不足，有时会中止测距。

（4）对比度调节。仪器开机时应确认棱镜数值（PSM）和大气改正值（PPM），并调节显示屏对比度，为显示该调节屏幕，应参阅第三章第六节中的“选择模式”。按菜单模式 MENU 键，往下翻到第 3 页屏幕显示“F2：对比度调节”，根据提示按 F2 键，再根据屏幕提示按 F1“↓”或 F2“↑”键即可调节亮度。为了在关机后保存设置值，可按“回车”键，如图 2–1–11 所示。

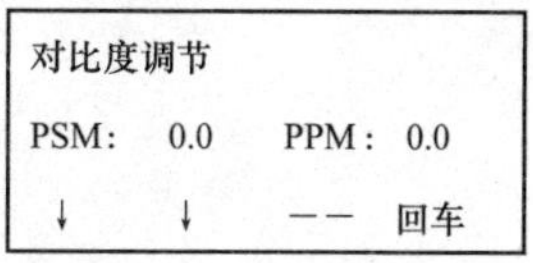

对比度调节
PSM：0.0　　PPM：0.0
↓　↓　——　回车

图 2–1–11　对比度调节

（5）垂直角倾斜改正。

1）当倾斜传感器工作时，因仪器整平误差引起的垂直角自动改正数会显示出来。为了确保角度测量的精度，倾斜传感器必须选用“开”，其显示可以用来更好的整平仪器。若出现（倾斜超限），则表明仪器超出自动补偿的范围，必须人工整平。GTS–100N 对竖轴在 X 轴方向倾斜的垂直角读数补偿如图 2–1–12 所示。

2）当仪器倾斜超出了改正范围（倾斜超限），则显示如图 2–1–13 所示。

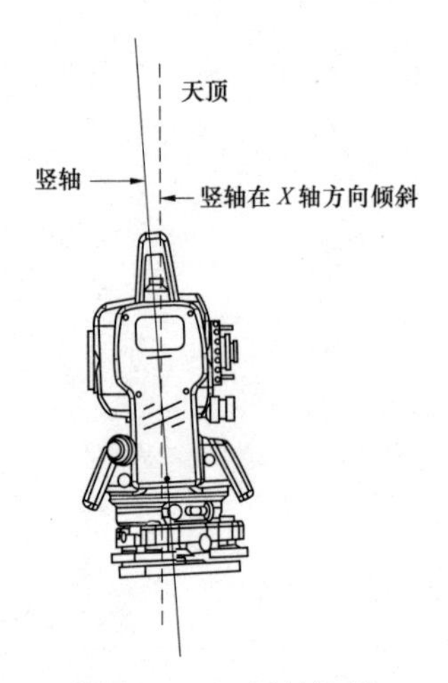

图 2-1-12　倾斜补偿

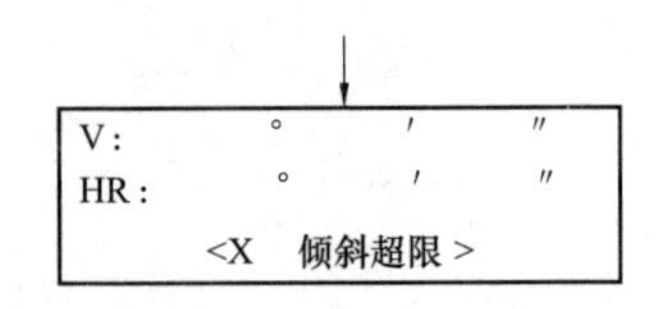

图 2-1-13　竖轴在 X 轴方向超限

说明：

1）仪器一旦开机即启动倾斜改正。

2）当仪器处于一个不稳定状态或有风天气时，垂直角的显示将是不稳定的，在这种情况下可以关闭垂直角自动倾斜补偿功能。

三、字母数字输入方法

下面主要介绍字母、数字的输入，如仪器高、棱镜高、测站点和后视点等。

1. 条目的选择

例如选择数据采集模式中的测站点时，用箭头指示要输入的条目，然后按"↑"键或"↓"键，上下移动箭头行，如图 2-1-14 所示。

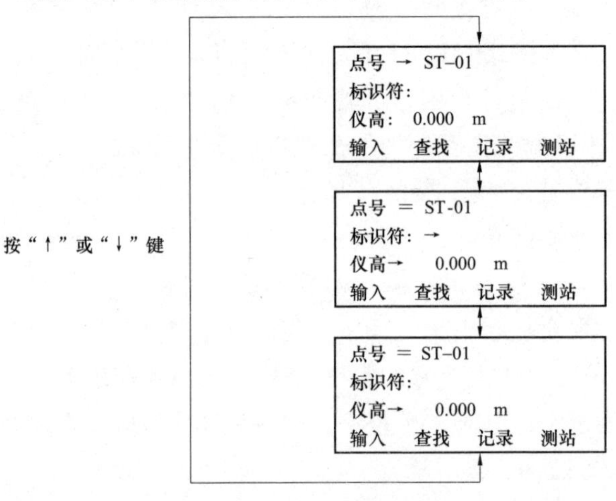

图 2-1-14　条目选择操作

2. 输入字符

（1）用“↑”键或“↓”键将箭头移到待输入的条目。

（2）按 F1（显示“输入”）键，箭头（>）即变成等号（=），仪器切换为数字输入模式。

（3）按 F1（显示［ALP］）键，仪器切换到字母输入模式。

（4）按字母数字键，输入字母。

例：按“1”（即“STU”）键两次。

（5）按同样方法输入其他字母。

（6）按 F1（显示［NUM］）键，仪器回到数字输入模式。

（7）按字母数字键，输入数字。例：按“-”“1”键等。

（8）按 F4（显示［ENT］）键，箭头即移动下一个数据项。

按上面同样的方法输入下一个字符。若要修改字符，可按“◀”或“▶”键将光标移到待修改的字符上，重新输入。

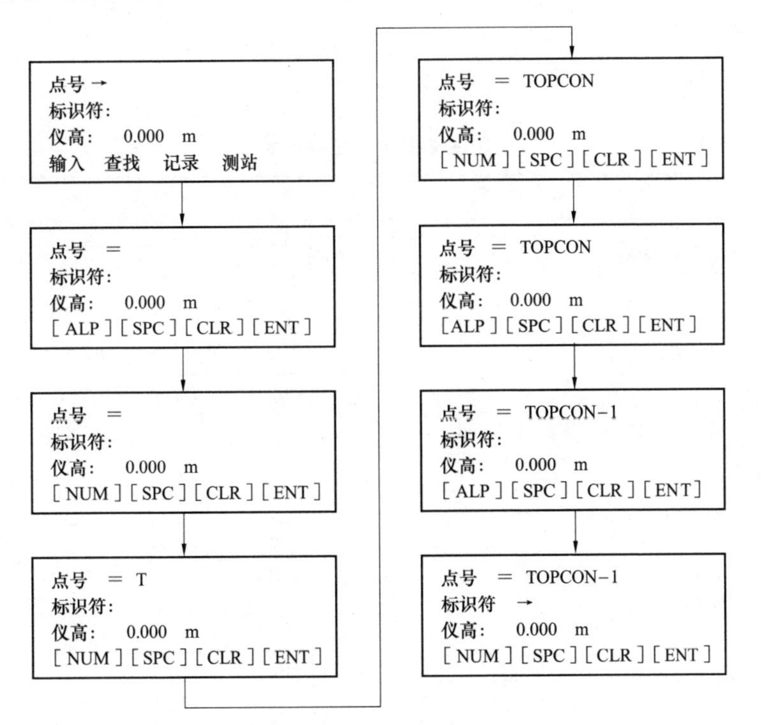

图 2-1-15　字符输入操作

常 规 测 量

第一节 角 度 测 量

一、水平角（右角）和垂直角测量

应先确认仪器处于角度测量模式。

1. 操作过程及显示

操作过程及显示如表 2–2–1 所示。

表 2–2–1 角度测量操作过程及显示

操 作 过 程	显 示
（1）瞄准第一个目标 A。	V: 90°10′20″ HR: 120°30′40″ 置零 锁定 置盘 P1↓
（2）设置目标 A 的水平角为 0°00′00″，按 F1（显示“置零”）键，根据提示再按 F3（显示［是］）键。	水平角置零 >OK? --- --- ［是］ ［否］
	V: 90°10′20″ HR: 0°00′00″ 置零 锁定 置盘 P1↓
（3）瞄准第二个目标 B，显示目标 B 的 V/H	V: 98°36′20″ HR: 160°40′20″ 置零 锁定 置盘 P1↓

2. 瞄准目标的方法

（1）将望远镜对准明亮天空，旋转目镜筒，调焦看清十字丝（先朝自己方向旋转目镜筒再慢慢旋进调焦清楚十字丝）。

（2）利用粗瞄准器内的三角形标志的顶尖瞄准目标点，瞄准时眼睛与瞄准器之间应保持一定距离。

（3）利用望远镜调焦螺旋使目标成像清晰。

（4）当眼睛在目镜端上下或左右移动发现有视差时，说明调焦或目镜屈光度未调好，这将影响观测的精度，应仔细调焦并调节目镜筒消除视差，如图 2–2–1 所示。

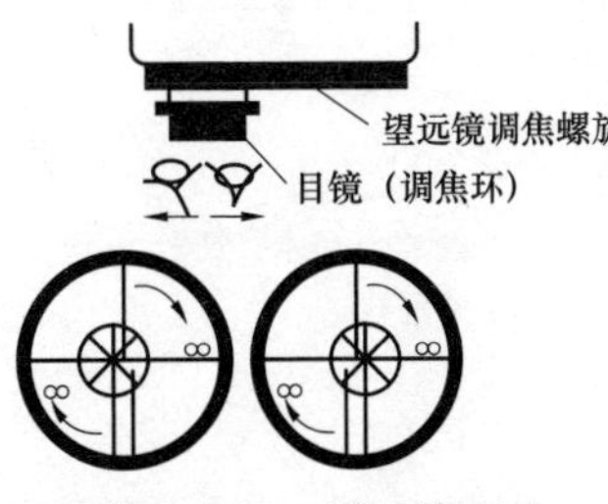

图 2–2–1　望远镜调节

二、水平角（右角/左角）的切换

应先确认处于角度测量模式，操作过程及显示如表 2–2–2 所示。

表 2–2–2　　水平角切换操作过程及显示

操作过程	显示
（1）按 F4（显示“↓”）键两次转到第 3 页功能。	V:　90°10′20″ HR:　120°30′40″ 置零　锁定　置盘　P1↓ ———————— 倾斜　复测　V%　P2↓ ———————— H–蜂鸣　R/L　竖角　P3↓
（2）按 F2（显示“R/L”）键，从右角模式（HR）切换到左角模式（HL）。	V:　90°10′20″ HL:　239°29′20″ H–蜂鸣　R/L　竖角　P3↓
（3）以左角 HL 模式进行测量	

注　每次按 F2（显示“R/L”）键，HR/HL 两种模式会交替切换。

三、水平角的设置

1. 通过锁定角度值进行设置

首先确认仪器处于角度测量模式，操作过程及显示如表 2–2–3 所示。

表 2–2–3　　锁定水平角操作过程及显示

操作过程	显示
（1）用水平微动螺旋旋转到所需的水平角。	V：　90°10′20″ HR：　130°40′20″ 置零　锁定　置盘　P1↓
（2）按 F2（显示"锁定"）键。 （3）瞄准目标。	水平角锁定 HR：　130°40′20″ --- ---　[是]　[否]
（4）按 F3（显示"是"）键完成水平角设置，显示窗变为正常的角度测量模式	V：　90°10′20″ HR：　130°40′20″ 置零　锁定　置盘　P1↓

注　若要返回上一个模式，可按 F4（显示"否"）键。

2. 通过键盘输入进行设置

应先确认仪器处于角度测量模式，操作过程及显示如表 2–2–4 所示。

表 2–2–4　　键盘输入操作过程及显示

操作过程	显示
（1）瞄准目标。	V：　90°10′20″ HR：　170°30′20″ 置零　锁定　置盘　P1↓
（2）按 F3（显示"置盘"）键。	水平角设置 HR： --- ---　[CLR]　[ENT]
（3）通过键盘输入所要求的水平角，如输入 70°40′20″，再按 F4（显示 [ENT]）键，角度被设定	V：　90°10′20″ HR：　70°40′20″ 置零　锁定　置盘　P1↓

四、角度重复观测

在水平角（右角）测量模式下可进行角度重复观测。

应先确认仪器处于水平角（右角）测量模式，操作过程及显示如表 2–2–5 所示。

表 2–2–5　　　　角度重复观测操作过程及显示

操 作 过 程	显 示
（1）按 F4（显示“↓”）键进入第 2 页功能。	V:　90°10′20″ HR:　170°30′20″ 置零　锁定　置盘　P1↓ ———————————— 倾斜　复测　V%　P2↓
（2）按 F2（显示“复测”）键。	角度复测 >OK？ ---　---　[是]　[否]
（3）按 F3（显示 [是]）键。	重复测量次数　[0] Ht:　0°00′00″ Hm: 置零　测角　释放　锁定
（4）瞄准目标 A，按 F1（显示“置零”）键。	重复测角 初始化 >OK？ ---　---　[是]　[否]
（5）按 F3（显示“是”）键。	重复测量次数　[0] Ht:　0°00′00″ Hm: 置零　测角　释放　锁定
（6）使用水平制动与微动螺旋瞄准目标 B，按 F4（显示“锁定”）键。	重复测量次数　[1] Ht:　45°10′00″ Hm:　45°10′00″ 置零　测角　释放　锁定

续表

操 作 过 程	显 示
（7）使用水平制动与微动螺旋再次瞄准目标 A，按 F3（显示“释放”）键。	重复测量次数 [1] Ht: 45°10′00″ Hm: 45°10′00″ 置零 测角 释放 锁定
（8）使用水平制动与微动螺旋再次瞄准目标 B，按 F4（显示“锁定”）键。	重复测量次数 [2] Ht: 90°20′00″ Hm: 45°10′00″ 置零 测角 释放 锁定
（9）重复步骤（6）和（7），直到所要求的重复次数，例如重复测量 4 次。	重复测量次数 [4] Ht: 90°20′00″ Hm: 45°10′00″ 置零 测角 释放 锁定
（10）若要返回正常测角模式，可按 F2（显示“测角”）键或按 ESC 键。	重复测角 退出 >OK？ --- --- [是] [否]
（11）按 F3（显示 [是]）键，重新测量角度	V: 90°10′20″ HR: 170°30′20″ 置零 锁定 置盘 P1↓

注 1. 水平角可累计到（3600°00′00″–最小读数），水平角（右角）在最小读数为 5″的情况下，可累计达+3599°59′55″。

2. 若角度观测结果与首次观测值相差超过±30″，则会显示错误信息。

五、水平角 90° 间隔蜂鸣声的设置

如果水平角落在 0°、90°、180°或 270°在±1°范围以内时，蜂鸣声响起，直到水平角调节到 0°0′0″、90°00′00″、180°00′00″或 270°00′00″时，蜂鸣声才会停止。此项设置关机后不保留，若需保留，应进行初始设置。

先确认仪器处于角度测量模式，操作过程及显示如表 2–2–6 所示。

表 2-2-6　　　　　　　　水平角 90° 间隔蜂鸣声的设置

操 作 过 程	显　示
（1）按 F4（显示“↓”）键两次，进入第 3 页功能。	V:　90° 10′20″ HR:　120° 30′40″ 置零　锁定　置盘　P1↓ - - - - - - - - - - - - - - H–蜂鸣　R/L　竖角　P3↓
（2）按 F1（显示“H–蜂鸣”）键，显示上次设置状态。	水平角蜂鸣声　[关] [开]　[关]　---　回车
（3）按 F1（显示 [开]）键或 F2（显示 [关]）键，以选择蜂鸣器的 [开] / [关]。	水平角蜂鸣声　[开] [开]　[关]　---　回车
（4）按 F4（显示“回车”）键，返回原来状态	V:　90° 10′20″ HR:　170° 30′20″ 置零　锁定　置盘　P1↓

第二节　距　离　测　量

一、参数设置

1. 大气改正的设置

当设置大气改正时，通过测量温度和气压可求得改正值。

2. 棱镜常数的设置

托普康的棱镜常数为 0，设置棱镜改正为 0。若使用其他厂家生产的棱镜，则在使用之前应先设置一个相应的常数，参见第三章第六节“设置棱镜常数”。即使电源关闭，所设置的值也仍被保存在仪器中。

二、距离测量（连续测量）

先确认仪器处于测角模式，操作过程及显示如表 2-2-7 所示。

表 2-2-7　　　　　　距离测量（连续测量）操作及显示

操 作 过 程	显 示
（1）瞄准棱镜中心。	V：　90° 10′20″ HR：　120° 30′40″ 置零　锁定　置盘　P1↓
（2）按◢键，距离测量开始，显示测量的距离。	HR：　120° 30′40″ HD* ［r］　<<m VD：　m 测量　模式　S/A　P1↓
	HR：　120° 30′40″ HD*　123.456m VD：　5.678 m 测量　模式　S/A　P1↓
（3）再次按◢键，显示变为水平角（HR）、垂直角（V）和斜距（SD）	V：　90° 10′20″ HR：　120° 30′40″ SD：　131.678 m 测量　模式　S/A　P1↓

注 1. 当光电测距（EDM）正在工作时，“*”标志就会出现在显示屏。

2. 将模式从精测转换到粗测或跟踪，参阅本节“精测模式/跟踪模式/粗测模式”。要设置仪器电源打开时就进入距离测量模式，可参阅第三章第六节的“选择模式。”

3. 距离的单位为“m”（米）或“f”（英尺），并随着蜂鸣声在每次距离数据更新时出现。

4. 如果测量结果受到大气抖动的影响，仪器可以自动重复测量工作。

5. 要从距离测量模式返回正常的角度测量模式，可按 ANG 键。

6. 对于距离测量初始模式可选择显示顺序（HR、HD、VD）或（V、HR、SD），参阅第三章第六节的“选择模式”。

三、距离测量（N 次测量/单次测量）

当输入测量次数后，GTS-100N 系列就将按设置的次数进行测量，并显示出距离平均值。当输入测量次数为 1，因为是单次测量，仪器不显示距离平均值，仪器出厂时已被设置为单次测量。

应先确认仪器处于测角模式，操作过程及显示如表 2-2-8 所示。

表 2-2-8　　　　距离测量（N 次测量/单次测量）操作与显示

操 作 过 程	显　示
（1）瞄准棱镜中心。	V:　　90°10′20″ HR:　　120°30′40″ 置零　锁定　置盘　P1↓
（2）按◢键，连续测量开始。	HR:　　120°30′40″ HD* [r]　　　<<m VD:　　　　m 测量　模式　S/A　P1↓
（3）当不再需要连续测量时，可按 F1（显示“测量”）键，“*”标志消失并显示平均值。当光电测距（EDM）正在工作时，再按 F1（显示“测量”）键，模式转变为连续测量模式	HR:　　120°30′40″ HD* [r]　　　<<m VD:　　　　m 测量　模式　S/A　P1↓ ↓ HR:　　120°30′40″ HD:　　123.456m VD:　　5.678 m 测量　模式　S/A　P1↓

注　1. 在仪器开机时，测量模式可设置为 N 次测量模式或者连续测量模式，参阅第三章第六节的“选择模式”。

2. 在测量中，要设置测量次数（N 次），参阅第三章第六节的“选择模式”。

四、精测模式/跟踪模式/粗测模式

“精测模式/跟踪模式/粗测模式”的设置在关机后不被保留，若此设置关机后仍被保留，参见“选择模式”进行初始设置。

（1）精测模式：这是正常测距模式，其最小显示单位为 0.2mm 或 1mm。测量时间在 0.2mm 模式时，约为 2.8s，1mm 模式时，约为 1.2s。

（2）跟踪模式：此模式观测时间要比精测模式短，在跟踪移动目标或放样时非常有用。其最小显示单位为 10mm，测量时间约 0.4s。

（3）粗测模式：该模式观测时间比精测模式短。其最小显示单位为 10mm 或 1mm，测量时间约 0.7s。

操作过程及显示如表 2-2-9 所示。

表 2–2–9　　精测模式/跟踪模式/粗测模式操作过程及显示

操作过程	显示
（1）在距离测量模式下按 F2（显示“模式”）键，所设置模式的首字符（F/T/C）将显示出来（F：精测，T：跟踪，C：粗测）。	HR：　120°30′40″ HD*　123.456m VD：　5.678m 测量　模式　S/A　P1↓ HR：　120°30′40″ HD*　123.456m VD：　5.678m 精测　跟踪　粗测　F
（2）按 F1（显示“精测”）键，按 F2（显示“跟踪”）键或按 F3（显示“粗测”）键	HR：　120°30′40″ HD*　123.456m VD：　5.678m 测量　模式　S/A　P1↓

注　要取消设置，按 ESC 键。

五、放样

该功能可显示出测量的距离与输入的放样距离之差。该方法在线路复测时按档距寻找杆塔位置及分坑时按计算距离寻找基础坑位中心点十分方便，其显示值为测量距离与放样距离之差。

放样时，可选择平距（HD）、高差（VD）和斜距（SD）中的任意一种放样模式。操作过程及显示如表 2–2–10 所示。

表 2–2–10　　放样操作过程及显示

操作过程	显示
（1）在距离测量模式下按 F4（显示“↓”）键，进入第 2 页功能。	HR：　120°30′40″ HD*　123.456m VD：　5.678m 测量　模式　S/A　P1　↓ – – – – – – – – – – – – – – 偏心　放样　m/f/i　P2↓
（2）按 F2（显示“放样”）键，显示出上次设置的数据。	放样： HD：　0.000m 平距　高差　斜距　---

续表

操作过程	显示
（3）通过按 F1～F3 键选择测量模式，如水平距离。	放样： HD：　0.000m ---　---　［CLR］　［ENT］
（4）输入放样距离，然后按 F4（显示［ENT］）确认键。	放样： HD：　100.000m 输入　---　---　回车
（5）瞄准目标（棱镜）测量开始，显示测量距离与放样距离之差。	HR：　120° 30′40″ dHD*［r］　<<m VD：　m 测量　模式　S/A　P1　↓
（6）移动目标棱镜，直至距离差等于 0m 为止	HR：　120° 30′40″ dHD*［r］　23.456m VD：　5.678m 测量　模式　S/A　P1　↓

注　1. 参见第二章第二节的“字母数字输入法”。

2. 若要返回到正常的距离测量模式，可设置放样距离为 0m 或关闭电源。

六、偏心测量模式

本仪器有四种偏心测量模式，分别是角度偏心测量、距离偏心测量、平面偏心测量、圆柱偏心测量。角度偏心测量和距离偏心测量较为常见，该两项测量通过距离测量模式或坐标测量模式，按“偏心”软键即可显示偏心测量菜单。

1. 偏心测量示例

（1）距离偏心测量如图 2–2–2 所示。

（2）偏心测量菜单如图 2–2–3 所示。

（3）偏心测量结果显示。偏心测量结果可以输出到外部装置。将 ESC 键设置为存储“记录”功能，此时标有“记录”的软键 F3 就会出现在测量结果显示屏上，如图 2–2–4 所示。设置方法参见第三章第六节的“选择模式”。

2. 偏心测量方法

（1）角度偏心测量。当棱镜直接架设有困难时，此模式是十分有用的，如在树木的中心，只要将棱镜安置于和仪器平距相同的点 P 上。在设置仪器高度/棱镜高后进行偏心测量，即可得到被测物中心位置的坐标，如图 2–2–5 所示。

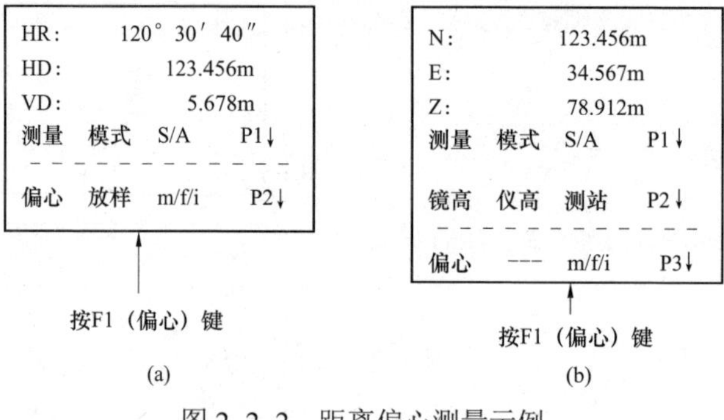

图 2–2–2 距离偏心测量示例

（a）距离模式；（b）坐标模式

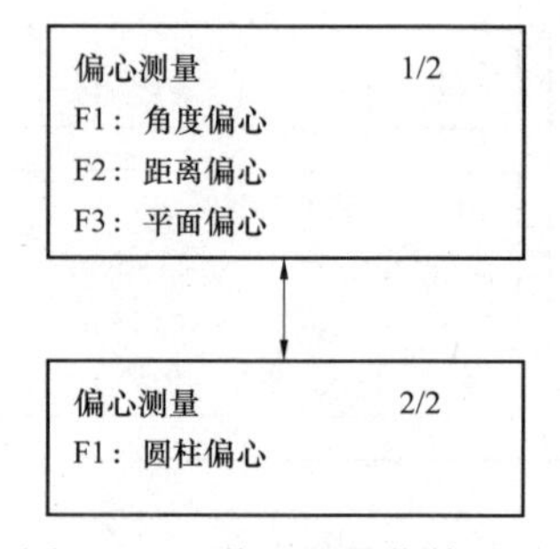

图 2–2–3 偏心测量菜单显示

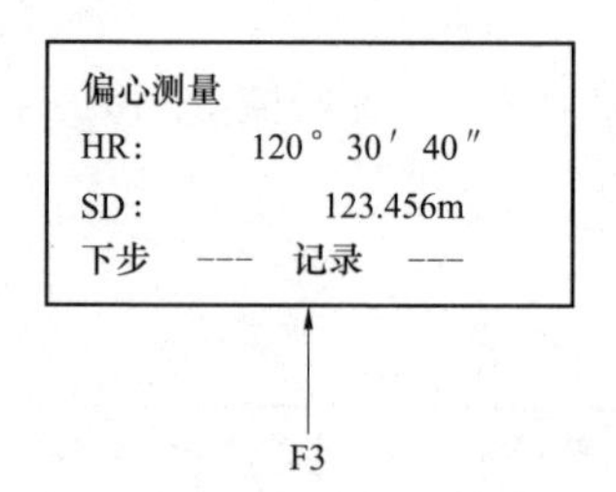

图 2–2–4 偏心测量结果显示

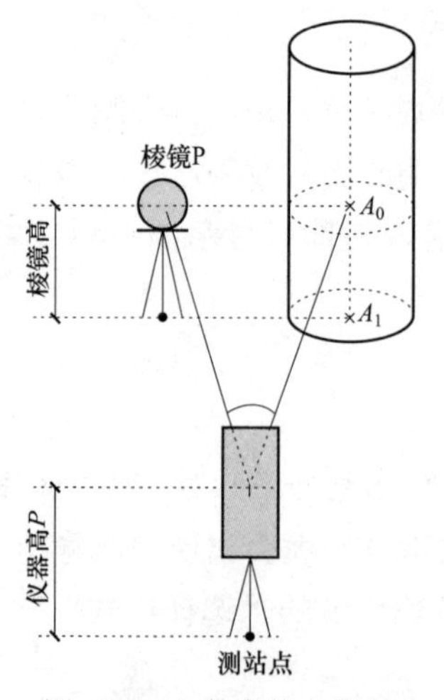

图 2–2–5 角度偏心测量

当测量 A_0 的投影—地面点 A_1 的坐标时，设置仪器高/棱镜高；当测量 A_0 点的坐标时，只设置仪器高（设置棱镜高为 0）。

瞄准 A_0 的方法有两种，可选用其中一种。第一种方法是将垂直角锁定到棱镜位置，不因望远镜上下转动而变化；第二种方法是垂直角随望远镜上下转动而变化，在后一种情况下，SD（斜距）和 VD（高差）也将随望远镜的转动而变化，该功能设置方法参见第三章第六节的“选择模式”。

在进行偏心测量之前，应设置仪器高/棱镜高。其操作过程及显示如表 2–2–11 所示。

表 2–2–11　　角度偏心测量操作过程及显示

操作过程	显示
（1）在测距模式下按 F4（显示“P1↓”）键，进入第 2 页功能。	HR:　120°30′40″ HD:　123.456m VD:　5.678m 测量　模式　S/A　P1↓ －－－－－－－－－－－－－－ 偏心　放样　m/f/i　P2↓
（2）按 F1（显示“偏心”）键。	偏心测量　1/2 F1：角度偏心 F2：距离偏心 F3：平面偏心　P↓
（3）按 F1（显示“F1：角度偏心”）键。	偏心测量 HR:　120°30′40″ HD:　m 测量　---　---　---
（4）瞄准棱镜 P，按 F1（显示“测量”）键，测量仪器到棱镜之间的水平距离。测量结束后显示出经偏心值改正后的距离。	偏心测量 HR:　110°30′40″ HD* [n]　<<m >测量…
	偏心测量 HR:　110°30′40″ HD*　56.789m >测量…
	偏心测量 HR:　110°30′40″ HD:　56.789m 下步　---　---　---
（5）利用水平制动与微动螺旋瞄准 A_0 点。	偏心测量 HR:　113°30′50″ HD:　56.789m 下步　---　---　---

续表

操 作 过 程	显 示
（6）显示 A_0 点的高差。	偏心测量 HR: 113°20′30″ VD: 3.456m 下步 --- --- ---
（7）显示 A_0 点的斜距。每次按◢键，则依次显示平距、高差和斜距。	偏心测量 HR: 113°20′30″ SD: 56.894m 下步 --- --- ---
（8）显示 A_0 点或 A_1 点的 N（北）坐标。每次按↖键，则依次显示 N（北）、E（东）和 Z（竖向）坐标	偏心测量 HR: 113°20′30″ N: −12.345m 下步 --- --- ---

注 1. 按 F1（显示“下步”）键，可返回操作步骤（4）。

2. 按 ESC 键，返回以前的模式。

（2）距离偏心测量。测量远离棱镜的点是通过输入水平距离前、后、左、右的偏移来实现的，如图 2–2–6 所示。

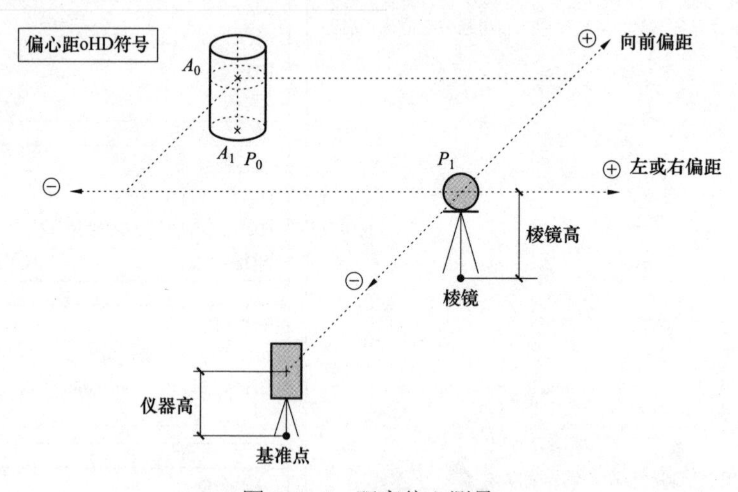

图 2–2–6 距离偏心测量

测量地面点 A_1 坐标时，应设置仪器高/棱镜高；测量点 A_0 坐标时，只需设置仪器高（设置棱镜高为 0）。其操作过程及显示如表 2–2–12 所示。

表 2-2-12　　　　　　　距离偏心测量操作过程及显示

操作过程	显示
（1）在测距模式下按 F4（显示“P1↓”）键，进入第 2 页功能。	HR:　　120°30′40″ HD*　　123.456m VD:　　5.678m 测量　模式　S/A　　P1↓ - - - - - - - - - - - - - - 偏心　放样　m/f/i　P2↓
（2）按 F1（显示“偏心”）键。	偏心测量　　1/2 F1：角度偏心 F2：距离偏心 F3：平面偏心　　P↓
（3）按 F2（显示“距离偏心”）键。	距离偏心 HR:　80°30′40″ HD:　　m 测量　---　---　---
（4）输入左或右的距离偏移值，按 F4（显示［ENT］）确认键。	距离偏心 输入左或右偏距 OHD:　　m ---　---　［CLR］　［ENT］
（5）输入向前方向的距离偏心值，按 F4（显示［ENT］）确认键。	距离偏心 输入向前偏距 OHD:　　m ---　---　［CLR］　［ENT］
（6）瞄准棱镜 P1，按 F1（显示“测量”）键，测量开始。当测距结束后，会显示加上偏心距改正后的测量结果。	距离偏心 HR:　80°30′40″ HD*［n］　　<<m >测量…　---　--- 距离偏心 HR:　80°30′40″ HD*　　10.000m 下步　---　---　---
（7）显示 P_0 点的高差。每次按◢键，则依次显示平距、高差和斜距。	距离偏心 HR:　80°30′40″ SD:　　11.789m 下步　---　---　---

续表

操 作 过 程	显 示
（8）按↙键，显示 P0 点坐标	距离偏心 HR：80°30′40″ VD：11.789m 下步 --- --- --- N：12.345m E：23.345m Z：1.345m 下步 --- --- ---

注 1. 按 F1（显示“下步”）键，可返回操作步骤（4）。
2. 按 ESC 键，返回先前的模式。

第三节 坐 标 测 量

一、测站点坐标的设置

设置仪器（测站点）相对于坐标原点的坐标，仪器可自动转换和显示未知点（棱镜点）在该坐标系中的坐标，如图 2–2–7 所示。电源关闭后，可保存测站点坐标，参见第三章第六节的“选择模式”。

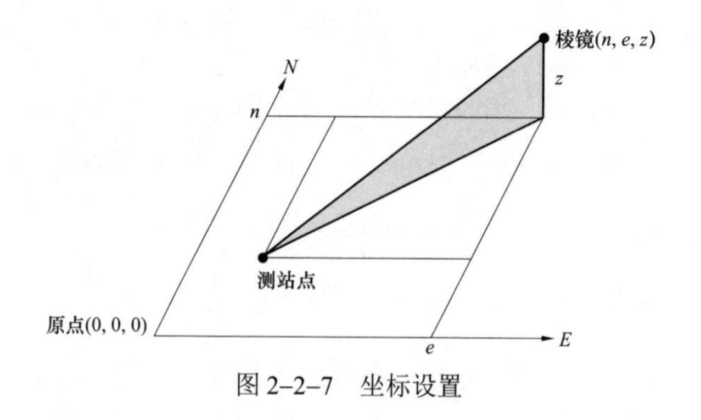

图 2–2–7 坐标设置

坐标点设置操作过程及显示如表 2–2–13 所示。

表 2–2–13　　坐标点设置操作过程及显示

操 作 过 程	显 示
（1）在坐标测量模式下，按 F4（显示“P1↓”）键，进入第 2 页功能。	N: 123.456 m E: 34.567 m Z: 78.912 m 测量 模式 S/A P1↓ - - - - - - - - - - - - 镜高 仪高 测站 P2↓
（2）按 F3（显示“测站”）键。	N= 0.000 m E: 0.000 m Z: 0.000 m ----- [CLR] [ENT]
（3）输入 *N* 坐标，然后按 F4（显示 [ENT]）确认键。	N: −72.000 m E: 0.000 m Z: 0.000 m ----- [CLR] [ENT]
（4）按同样方法输入 *E* 和 *Z* 坐标。输入数据后，显示屏返回坐标测量显示模式	N→ 51.456 m E: 34.567 m Z: 78.912 m 测量 模式 S/A P1↓

注　坐标输入参见“字母数字输入法”。输入范围为：

−99 999 999.999 0≤N.E.Z≤+99 999 999.999 0m

−99 999 999.999≤N.E.Z≤+99 999 999.999ft

−99 999 999.11.7≤N.E.Z≤+99 999 999.11.7ft+inch

二、仪器高的设置

电源关闭后，可保存仪器高，参见第三章第六节的“选择模式”。仪器高度设置操作过程及显示如表 2–2–14 所示。

表 2–2–14　　仪器高度设置操作过程及显示

操 作 过 程	显 示
（1）在坐标测量模式下，按 F4（显示“P1↓”）键，进入第 2 页功能。	N: 123.456 m E: 34.567 m Z: 78.912 m 测量 模式 S/A P1↓ - - - - - - - - - - - - 镜高 仪高 测站 P2↓

续表

操 作 过 程	显 示
（2）按 F2（显示“仪高”）键，显示当前值。	仪器高 输入 仪高：　　0.000m ------- ［CLR］ ［ENT］
（3）输入仪器高，然后按 F4（显示［ENT］）确认键	N：　123.456　m E：　34.567　m Z：　78.912　m 测量　模式　S/A　P1↓

注 仪器高的输入参见“字母数字输入法”。输入范围为：

–999.999 9≤仪器高≤+999.999 9m

–999.999≤仪器高≤–999.999ft

–999.11.7≤仪器高≤+999.11.7ft+inch

三、目标高（棱镜高）的设置

此项功能用于获取 Z 坐标值，电源关闭后，可保存目标高，参见第三章第六节的“选择模式”。棱镜高度设置操作过程及显示如表 2–2–15 所示。

表 2–2–15　　棱镜高度设置操作过程及显示

操 作 过 程	显 示
（1）在坐标测量模式下，按 F4（显示“P1↓”）键，进入第 2 页功能。	N：　123.456　m E：　34.567　m Z：　78.912　m 测量　模式　S/A　P1↓ ------------ 镜高　仪高　测站　P2↓
（2）按 F1（显示“镜高”）键，显示当前值。	镜高 输入 镜高：　　0.000m ------- ［CLR］ ［ENT］

续表

操 作 过 程	显 示
（3）输入棱镜高，然后按 F4（显示［ENT］）确认键	N: 123.456 m E: 34.567 m Z: 78.912 m 测量 模式 S/A P1 ↓

注 棱镜高的输入参见“字母数字输入法”。输入范围为：

–999.999 9≤棱镜高≤+999.999 9m

–999.999≤棱镜高≤–999.999ft

–999.11.7≤棱镜高≤+999.11.7ft+inch

四、坐标测量的步骤

输入仪器高和棱镜高后，可直接测定未知点的坐标。

（1）要设置测站点坐标值，参见本节的“测站点坐标的设置”。

（2）要设置仪器高目标高，参见本节的“仪器高的设置”和“目标高（棱镜高）的设置”。

（3）未知点的坐标由下面公式计算并显示出来，如图 2–2–8 所示。

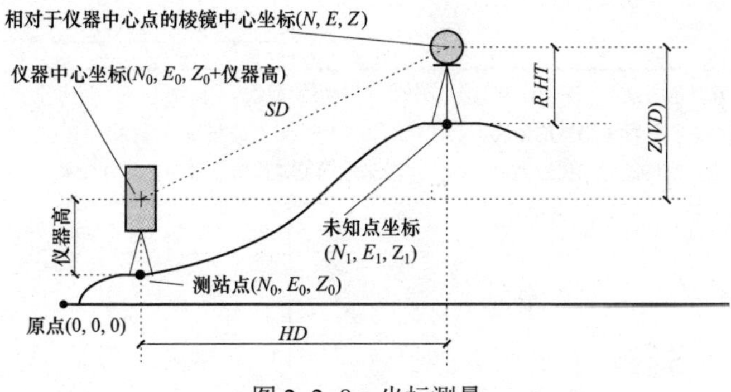

图 2–2–8 坐标测量

测站点坐标：(N_0，E_0，Z_0)

仪器高：*INS.HT*

棱镜高：*R.HT*

高差：Z（VD）

相对于仪器中心点的棱镜中心坐标：(n，e，z)

未知点坐标：(N_1，E_1，Z_1)

$$N_1 = N_0 + n$$

$$E_1 = E_0 + e$$

$$Z_1 = Z_0 + INS.HT + Z - R.HT$$

坐标测量操作过程及显示如表 2–2–16 所示。

表 2–2–16　　　　　坐标测量操作过程及显示

操作过程	显示
（1）设置已知点 *A* 的方向角。	V　:　90°10′20″ HR:　120°30′40″ 置零　锁定　置盘　P1 ↓
（2）瞄准目标 B。	N* [r]　<<m E:　m Z:　m 测量　模式　S/A　P1 ↓ -------　[CLR]　[ENT]
（3）按坐标测量键，开始测量，显示测量结果	N:　123.456　m E:　34.567　m Z:　78.912　m 测量　模式　S/A　P1 ↓

注　1. *A* 点方向角的设置参见第二章第一节中“水平角的设置”。

2. 在测站点的坐标未输入的情况下，（0，0，0）作为缺省的测站点坐标。

3. 当未输入仪器高时，仪器高以 0 计算：当未输入棱镜高时，棱镜高以 0 计算。

特殊模式（应用测量）

按 MENU 键，仪器即进入菜单模式，在此模式下，可进行特殊测量、设置和调节工作。测量程序如图 2–3–1 所示。

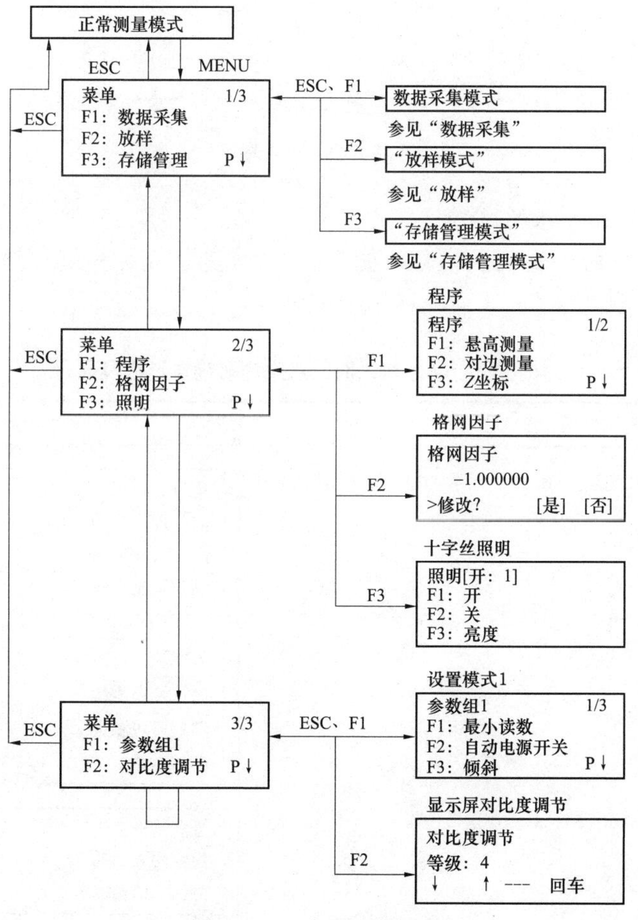

图 2–3–1　应用测量程序

第一节　应用测量——悬高测量（REM）

为了得到不能放置棱镜的目标点高度，只需将棱镜架设于目标点所在铅垂线上的任一点，然后进行悬高测量，如图 2–3–2 所示。

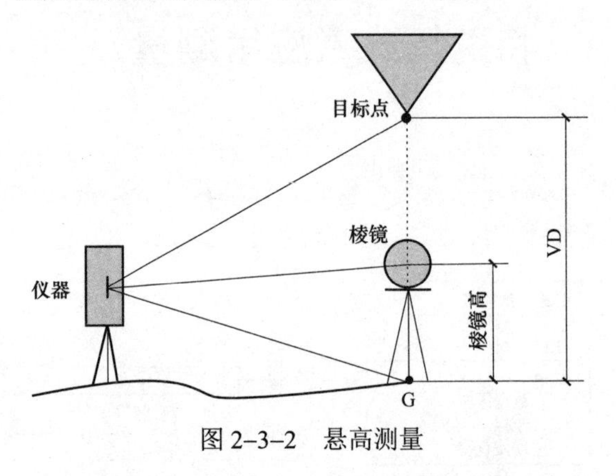

图 2–3–2　悬高测量

1. 有棱镜高输入的情形

有棱镜高（h）输入的情形，如 $h=1.5$m，其悬高测量操作过程及显示如表 2–3–1 所示。

表 2–3–1　　有棱镜高（h）输入时的悬高测量操作过程及显示

操 作 过 程	显　示
（1）按 MENU 键，再按 F4（显示“P↓”）键，进入第 2 页菜单。	菜单　2/3 F1：程序 F2：格网因子 F3：照明　P↓
（2）按 F1（显示“F1：程序”）键。	程序　1/2 F1：悬高测量 F2：对边测量 F3：Z 坐标　P↓
（3）按 F1（显示“F1：悬高测量”）键。	悬高测量　1/2 F1：输入镜高 F2：无需镜高

续表

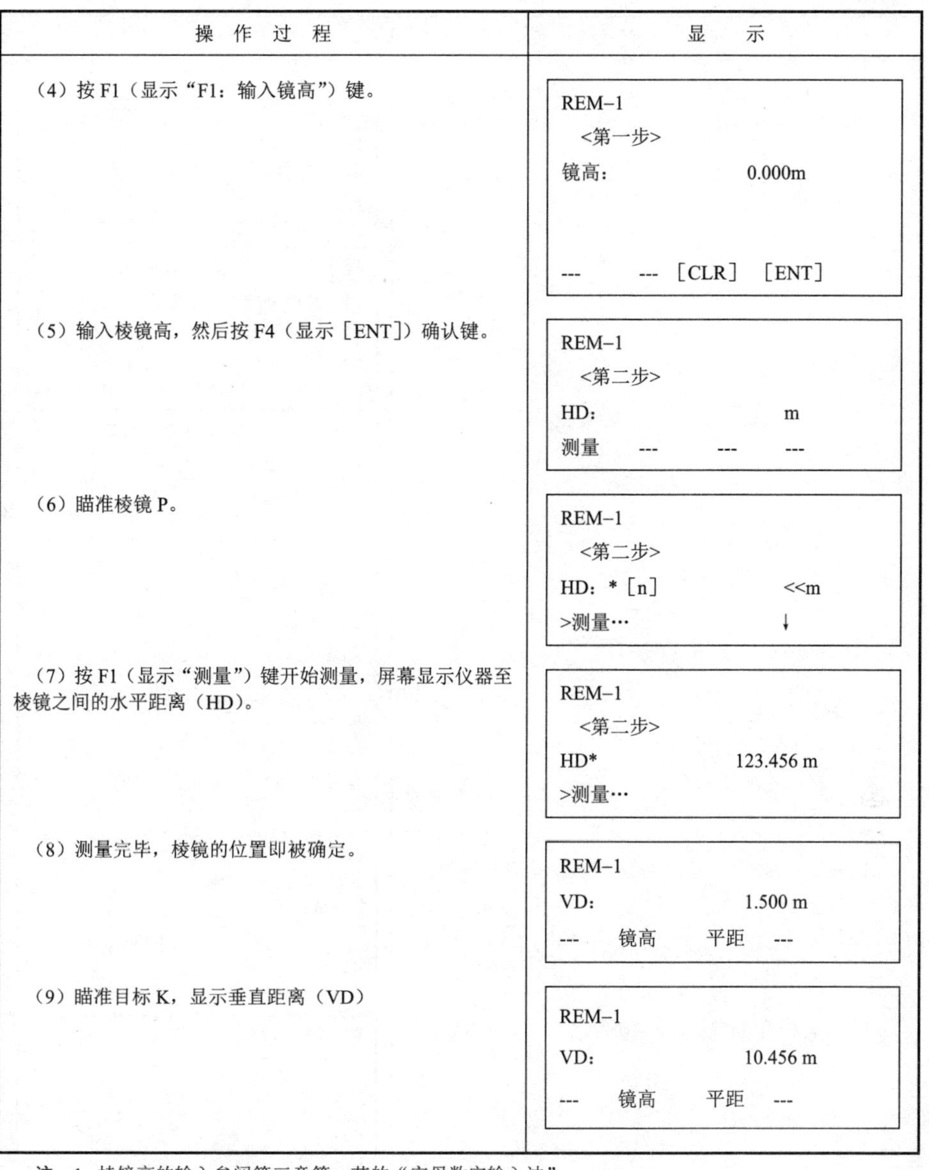

操 作 过 程	显 示
（4）按 F1（显示“F1：输入镜高”）键。	REM–1 <第一步> 镜高： 0.000m --- --- ［CLR］［ENT］
（5）输入棱镜高，然后按 F4（显示［ENT］）确认键。	REM–1 <第二步> HD： m 测量 --- --- ---
（6）瞄准棱镜 P。	REM–1 <第二步> HD：*［n］ <<m >测量… ↓
（7）按 F1（显示“测量”）键开始测量，屏幕显示仪器至棱镜之间的水平距离（HD）。	REM–1 <第二步> HD* 123.456 m >测量…
（8）测量完毕，棱镜的位置即被确定。	REM–1 VD： 1.500 m --- 镜高 平距 ---
（9）瞄准目标 K，显示垂直距离（VD）	REM–1 VD： 10.456 m --- 镜高 平距 ---

注 1. 棱镜高的输入参阅第三章第一节的“字母数字输入法”。

2. 按 F2（镜高）键，返回步骤（5）；按 F3（平距）键，返回步骤（6）。

3. 按 ESC 键，返回程序菜单。

2. 无棱镜高输入的情形

无棱镜高输入时，其悬高测量操作过程及显示如表 2–3–2 所示。

表 2–3–2　　　　无棱镜高输入时的悬高测量操作过程及显示

操 作 过 程	显 示
（1）按 MENU 键，再按 F4（显示“P↓”）键，进入第 2 页菜单。	菜单　　　　　　　　2/3 F1：程序 F2：格网因子 F3：照明　　　　　　P↓
（2）按 F1（显示“F1：程序”）键。	程序　　　　　　　　1/2 F1：悬高测量 F2：对边测量 F3：Z 坐标　　　　　P↓
（3）按 F1（显示“F1：悬高测量”）键。	悬高测量　　　　　　1/2 F1：输入镜高 F2：无需镜高
（4）按 F2（显示“F2：无需镜高”）键。	REM-2 <第一步> HD：　　　　　m 测量　---　---　---
（5）瞄准棱镜 P。	REM-2 <第一步> HD：* [n]　　　　<<m >测量…
（6）按 F1（显示“测量”）键开始测量，屏幕显示测站点与棱镜之间的水平距离。	REM-2 <第一步> HD*　　　　123.456 m >测量…
（7）测量完毕，棱镜位置即被确定。	REM-2 <第二步> V：　　60° 45′50″ ---　---　---　设置
（8）瞄准地面点 G。	REM-2 <第二步> V：　　123° 45′50″ ---　---　---　设置

续表

操 作 过 程	显 示
（9）按 F4（显示“设置”）键，G 点的位置即被确定。	REM-2 VD: 0.000m --- 竖角 平距 ---
（10）瞄准目标点 K 显示高差（VD）	REM-2 VD: 10.456 m --- 竖角 平距 ---

注 1. 按 F3（平距）键，返回步骤（5）；按 F2（竖角）键，返回步骤（8）。

2. 按 ESC 键，返回程序菜单。

第二节 应用测量——对边测量（MLM）

测量两个目标棱镜之间的水平距离（dHD）、斜距（dSD）、高差（dVD）和水平角（HR），也可直接输入坐标值或调用坐标数据文件进行计算。

MLM 模式有两个功能：

（1）MLM—1（A—B，A—C）：测量 A—B，A—C，A—D，……。

（2）MLM—2（A—B，B—C）：测量 A—B，B—C，C—D，……，如图 2–3–3 所示。

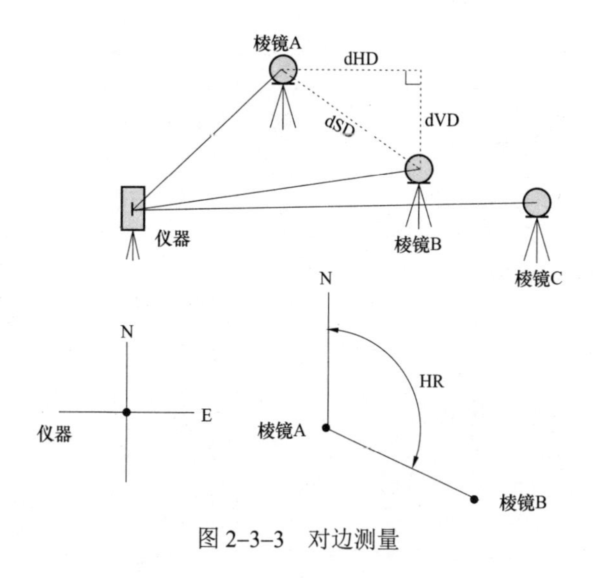

图 2–3–3 对边测量

对边测量必须设置仪器的方向角，例如 MLM—1（A—B，A—C）模式的测量过程。其操作过程及显示如表 2-3-3 所示。

MLM—2（A—B，B—C）模式的测量过程与 MLM—1 模式完全相同。

表 2-3-3　　　　对边测量操作过程及显示

操作过程	显示
（1）按 MENU 键，再按 F4（显示“P↓”）键，进入第 2 页菜单。	菜单　　　　2/3 F1：程序 F2：格网因子 F3：照明　　　P↓
（2）按 F1（显示“F1：程序”）键。	程序　　　　1/2 F1：悬高测量 F2：对边测量 F3：Z 坐标　　　P↓
（3）按 F2（显示“F2：对边测量”）键。	对边测量 F1：使用文件 F2：不使用文件
（4）按 F1 或 F2 键，选择是否使用坐标文件，例如 F2 为“不使用文件”。	格网因子 F1：使用 F2：不使用
（5）按 F1 或 F2 键，选择是否使用坐标格网因子，例如 F2 为“不使用”。	对边测量 F1：MLM—1（A—B，A—C） F2：MLM—2（A—B，B—C）
（6）按 F1［显示“F1：MLM—1（A—B，A—C)”］键。	MLM—1（A—B，A—C） <第一步> HD：　　　　m 测量　镜高　坐标　…
（7）瞄准棱镜 A，按 F1（显示“测量”）键，屏幕显示仪器到棱镜 A 平距（HD）。	MLM—1（A—B，A—C） <第一步> HD*［n］　　　<<m >测量 --- ↓
（8）测量完毕，棱镜的位置即被确定。	MLM—1（A—B，A—C） <第二步> HD：　　　　m 测量　镜高　坐标　…

续表

操 作 过 程	显 示
（9）瞄准棱镜 B，按 F1（显示“测量”）键，屏幕显示仪器到棱镜 B 的平距（HD）。	MLM—1（A—B，A—C） <第二步> HD* [n] <<m 测量 镜高 坐标 …
（10）测量完毕，屏幕显示棱镜 A 与 B 之间的平距（dHD）和高差（dVD）。	MLM—1（A—B，A—C） dHD： 123.456m dVD： 12.345m --- --- 平距 ---
（11）按◢键，可显示斜距（dSD）。	MLM—1（A—B，A—C） dSD： 234.567m HR： 12°34′40″ --- --- 平距 ---
（12）测量 A—C 之间的距离，按 F3（HD）。	MLM—1（A—B，A—C） <第二步> HD： m 测量 镜高 坐标 …
（13）瞄准棱镜 C，按 F1（显示“测量”）键，屏幕显示仪器到棱镜 C 的平距（HD）。 （14）测量完毕，显示棱镜 A 与 C 之间的平距（dHD）和高差（dVD）。	MLM—1（A—B，A—C） dHD： 234.567m dVD： 23.456m --- --- 平距 ---
（15）测量 A—D 之间的距离，重复操作步骤（12）～（14）	

注 按 ESC 键，可返回到上一个模式。

对于坐标数据的使用，可以直接输入坐标值或利用坐标数据文件计算。其操作过程及显示如表 2–3–4 所示。

表 2–3–4 坐标数据应用操作过程及显示

操 作 过 程	显 示
在上述对边距测量的第（4）步选择“使用坐标数据文件”。完成操作步骤（6）之后按下列步骤操作：	MLM—1（A—B，A—C） <第一步> HD： m 测量 镜高 坐标 …

续表

操 作 过 程	显 示
（1）按 F3（显示“坐标”）键，显示键盘输入屏。	N：→ 0.000m E: 0.000m Z: 0.000m 输入 --- 点号 回车
（2）按 F3（显示“点号”）键，以使用坐标数据文件，显示点号输入屏；按 F3（平距）键，显示屏返回到步骤（6）；按 F3（坐标或点号或平距）键，选择坐标输入模式后，须按 F1（输入），并输入数据	MLM—1（A—B，A—C） 点号：__________ 输入 调用 平距 回车

第三节 应用测量——设置测站点 Z 坐标

可输入测站点坐标，或利用对已知点的实测数据来计算测站点 Z 坐标并重新设置。已知点数据和坐标数据可以由坐标数据文件得到。

1. 设置测站坐标

使用坐标数据文件，操作过程及显示如表 2–3–5 所示。

表 2–3–5　　设置测站坐标操作过程及显示

操 作 过 程	显 示
（1）按 MENU 键后再按 F4（显示“P↓”）键，显示主菜单 2/2。	程序 2/2 F1：程序 F2：格网因子 F3：照明 P↓
（2）按 F1（显示“F1：程序”）键。	程序 1/2 F1：悬高测量 F2：对边测量 F3：Z 坐标 P↓
（3）按 F3（显示“F3：Z 坐标”）键。	Z 坐标设置 F1：使用文件 F2：不使用文件

续表

操 作 过 程	显　　示
（4）按 F1（显示“F1：使用文件”）键。	选择文件 FN=GAOD145---- 输入　　调用　---　　回车
（5）按 F1（显示“输入”）键，输入文件名后按 F4（显示［ENT］）键确认。	选择文件 FN=GAOD145---- ［ALP］　［SPC］　［CLR］　［ENT］
（6）按 F1（显示“F1：测站点输入”）键。	Z 坐标设置 F1：测站点输入 F2：基准点测量
（7）按 F1（显示“输入”）键，输入点号后按 F4 键确认，显示仪器高输入屏。	测站点 点号：________________ 输入　调用　坐标　回车
	仪器高 输入 仪高：　　　　　　0.000m ---　---　　［CLR］　［ENT］
（8）按 F1（显示“输入”）键，输入仪器高显示返回到 Z 坐标菜单	Z 坐标设置 F1：测站点输入 F2：基准点测量

2. 用已知点测量数据计算 Z 坐标

使用坐标数据文件，操作过程及显示如表 2–3–6 所示。

表 2–3–6　　　用已知点测量数据计算 Z 坐标操作过程及显示

操 作 过 程	显　　示
（1）按 MENU 键，再按 F4（显示“P↓”）键，进入第 2 页菜单。	菜单　　　　　　2/3 F1：程序 F2：格网因子 F3：照明　　　　P↓

续表

操作过程	显示
（2）按F1（显示“F1：程序”）键。	程序　　1/2 F1：悬高测量 F2：对边测量 F3：Z坐标　　P↓
（3）按F3（显示“F3：Z坐标”）键。	Z坐标设置 F1：使用文件 F2：不使用文件
（4）按F1（显示“F1：使用文件”）键。	选择文件 FN：________ 输入　调用　---　回车
（5）按F1（显示“输入”）键，输入文件名，然后按F4（显示［ENT］）键确认。	Z坐标设置 F1：测站点输入 F2：基准点测量
（6）按F2（显示“F2：基准点测量”）键。	N001# 点号：________ 输入　调用　坐标　回车
（7）按F1（显示“输入”）键，输入坐标数据文件中的某一点号，然后按F4键确认。	N：　4.365m E：　16.283m Z：　1.553m >OK？　［是］　［否］
（8）按F3（显示“［是］”）键，以示确认。	镜高 输入： 镜高：　0.000m ---　---　［CLR］　［ENT］
（9）按F1（显示“输入”）键，输入棱镜高后，按F4（显示［ENT］）键确认。	镜高 输入： 镜高：　0.000m >瞄准？　［是］　［否］

续表

操 作 过 程	显 示
（10）瞄准测点棱镜 P，按 F3（显示“[是]”）键，测量开始。	HR：120°30′40″ HD：* [n] <<m VD： m >测量…
	HR：120°30′40″ HD： 12.345m VD： 23.456 m 新点 --- --- 计算
（11）按 F4（显示“计算”）键后，屏幕显示 Z：Z 坐标 dZ：标准偏差	Z 坐标设置 Z： 1.234m dZ： 0.002m --- --- 后视 设置
（12）按 F4（显示“设置”）键，设置测站点的 Z 坐标，屏幕显示“后视”定向点测量。	后视 HR：120°30′40″ >OK？ [是] [否]
（13）按 F3（显示“[是]”）键，水平角被设置，显示屏返回到程序菜单 1/2	程序 1/2 F1：悬高测量 F2：对边测量 F3：Z 坐标 P↓

注 1. 仪器处于 N 次精测模式。
2. 按 F1（新点）键，可测量其他点。
3. 按 F3 键，显示内容交替更换。

第四节 应用测量——点到直线的测量

此模式用于相对于原点 A（0，0，0）和以直线 AB 为 N 轴的目标点坐标测量，将两块棱镜安放在直线上的 A 点和 B 点上，安置仪器在未知点 C 上，在测定这两块棱镜后，仪器的坐标数据和定向角就被计算，并且设置在仪器上，如图 2–3–4 所示。其操作过程及显示如表 2–3–7 所示。

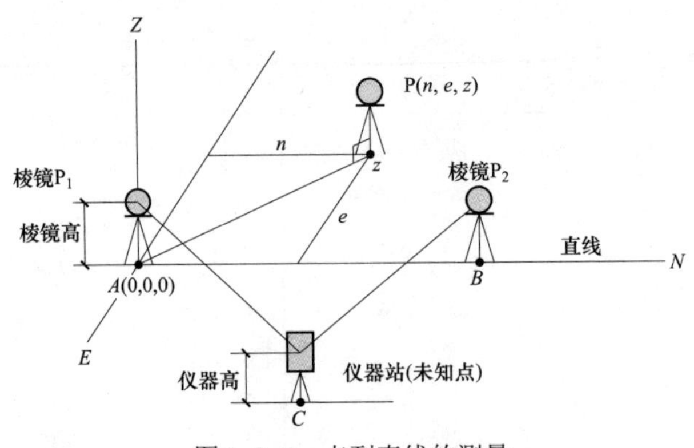

图 2–3–4　点到直线的测量

表 2–3–7　　点到直线的测量操作过程及显示

操　作　过　程	显　　示
（1）按 MENU 键，再按 F4（显示“P↓”）键，显示主菜单 2/3。	菜单　2/3 F1：程序 F2：格网因子 F3：照明　P↓
（2）按 F1（显示“F1：程序”）键。	程序　1/2 F1：悬高测量 F2：对边测量 F3：Z 坐标　P↓
（3）按 F4（显示“P↓”）键，进入程序菜单 2/2。	程序　2/2 F1：面积 F2：点到线测量 F3：道路　P↓
（4）按 F2（显示“F2：点到线测量”）键。	仪器高 输入 仪器高=　0.000m ---　---　[CLR]　[ENT]
（5）输入仪器高度，按 F4（显示［ENT］）键确认。	棱镜高 输入 仪器高=　0.000m ---　---　[CLR]　[ENT]

续表

操 作 过 程	显 示
（6）输入棱镜 A（P1），按 F4（显示［ENT］）键确认。	点到线测量 测量 P1 HD： m >瞄准？ ［是］ ［否］
（7）瞄准棱镜 P1（原点），按 F3（显示“［是］”）键进行测量，显示 B 点（P2）反射镜高输入屏。	点到线测量 测量 P1 HD：＊［n］ <<m >测量 --- 镜高 输入： 镜高： 0.000m 输入--- --- 回车
（8）按 F1（显示“输入”）键，输入 B 点（P2）反射镜高，按 F4（显示 ［ENT］）键确认。	点到线测量 测量 P2 HD： m >瞄准？ ［是］ ［否］
（9）瞄准 B（P2）点，按 F3（显示“［是］”）键进行测量。计算仪器站的坐标与定向角并设置在仪器上，显示 A—B 之间的距离。 dHD：平距 dVD：高差 dSD：斜距	点到线测量 测量 P2 HD：＊［n］ <<m >测量… 距离（P1-P2） 1/2 dHD： 10.000m dVD： 0.000 m 坐标 测站 --- P ↓
（10）按 F1（显示“坐标”）键，测量其他目标点。	N： 0.000m E： 0.000m Z： 0.000m 退出 --- 镜高 测量 -------------------------------- >测量…

续表

操作过程	显示
（11）瞄准棱镜 P，按 F4（显示“测量”）键进行坐标测量，显示坐标测量值	N：　3.456m E：　5.432m Z：　0.000m 退出　---　镜高　测量

注　1. 仪器处于 N 次精测模式。
　　2. 按 F4（P↓）键，显示斜距 dSD。
　　3. 按 F2（测站）键，显示新测站点数据。
　　4. 按 F1（退出）键，返回到上一个模式。

第五节　应用测量——面积计算

该模式用于计算闭合图形的面积，面积计算有如下两种方法：① 用坐标数据文件计算面积；② 用测量数据计算面积。本节只介绍用测量数据计算面积的操作过程及显示，如表 2–3–8 所示。

表 2–3–8　　用测量数据计算面积的操作过程及显示

操作过程	显示
（1）按 MENU 键后再按 F4（显示“P↓”）键，显示主菜单 2/3。	菜单　2/3 F1：程序 F2：格网因子 F3：照明　P↓
（2）按 F1（显示“F1：程序”）键。	程序　1/2 F1：悬高测量 F2：对边测量 F3：Z 坐标　P↓
（3）按 F4（显示“P↓”）键，进入程序菜单 2/2。	程序　2/2 F1：面积 F2：点到线测量 P↓

续表

操 作 过 程	显 示
（4）按 F1（显示“F1：面积”）键。	面积 F1：文件数据 F2：测量
（5）按 F2（显示“F2：测量”）键。	面积 F1：使用格网因子 F2：不使用格网因子
（6）按 F1 或 F2 键，选择是否使用坐标格网因子，例如，F2 为“不使用格网因子”。	面积 0000 m.sq 测量 --- 单位 ---
（7）瞄准棱镜 P，按 F1（显示“测量”）键进行测量。	N* [n] <<m E: m Z: m >测量--- 面积 0001 m.sq 测量 --- 单位 ---
（8）瞄准下一个点，按 F1（显示“测量”）键。当测量了 3 个点以上时，这些点包围成的面积就会被计算，结果显示在屏幕上	面积 0003 234.567m.sq 测量 --- 单位 ---

注 仪器处于 N 次精测模式。

第六节 有 关 设 置

一、倾斜改正（倾斜开/关）

若仪器位置不稳定，则垂直读数也会不稳定，此时可选择“倾斜/关”（关闭倾斜改正功能）。本仪器出厂时已设置到“倾斜/开”（启动 X 方向倾斜改正功能）。此项设置关机后仍将保留。倾斜改正操作过程及显示如表 2–3–9 所示。

表 2–3–9　　倾斜改正操作过程及显示

操 作 过 程	显 示
（1）按 MENU 键后再按 F4（显示“P↓”）键两次，显示主菜单 3/3。	菜单 3/3 F1：参数组 1 F2：对比度调节 P↓
（2）按 F1（显示“F1：参数组 1”）键。	参数组 1 1/3 F1：最小读数 F2：自动电源关机 F3：倾斜 P↓
（3）按 F3 键，显示原有设置状态。如果已处于开（单轴）状态，则显示倾斜改正值。	倾斜传感器： X：0°02′10″ 关 回车
（4）按 F1（单轴）键或 F3（关）键，然后再按 F4（回车）键	

二、加热器开/关

屏幕加热器可以设置为关或开。当气温低于 0℃时，仪器内装的加热器就会自动工作，以保持显示屏正常显示。操作过程及显示如表 2–3–10 所示。

表 2–3–10　　加热器开/关操作过程及显示

操 作 过 程	显 示
（1）先按 MENU 键，再按 F4（显示“P↓”）键两次，进入第 3 页菜单。	菜单 3/3 F1：参数组 1 F2：对比度调节 P↓
（2）按 F1（显示“F1：参数组 1”）键。	参数组 1 1/3 F1：最小读数 F2：自动电源关机 F3：倾斜 P↓
（3）按 F4 键，进入下一页。	参数组 1 2/3 F1：误差改正 F2：电池类型 F3：加热器 P↓

续表

操作过程	显示
（4）按 F3（显示“F3：加热器”）键，显示先前设置状态。 （5）按 F1（开）键或 F2（关）键，再按 F4（回车）键	加热器：［关］ F1：开 F2：关 回车

三、用 RS–232C 与外部设备通信的设置

可以在参数设置菜单下设置用 RS–232C 与外接设备通信的参数，具体设置的参数如表 2–3–11 所示。

表 2–3–11　用 RS–232C 与外部设备通信的设置

项目	可选参数
波特率	1200，2400，4800，9600，19 200，38 400
数据位/奇偶位	T/Even，T/odd，8/None
停止位	1、2
ACK 模式	标准，省略
CR，LF	ON（开），OFF（关）
REC 类型	REC—A，REC—B
工厂设置	1200，T/Even，1.Standard（标准）、关 REC—A

ACK 模式、CR、LF、REC 类型在模式选择中相互关联的，参见本节的“模式选择”。

参数设置示例如表 2–3–12 所示（停止位=2）。

表 2–3–12　参数设置示例

操作过程	显示
（1）按 MENU 后，再按 F4（显示“P↓”）两次，进入第 3 页菜单。	菜单　3/3 F1：参数组 1 F2：调节对比度 P↓

续表

操 作 过 程	显 示
（2）按 F1（显示“F1：参数组 1”）键。	参数组 1　　1/3 F1：最小读数 F2：自动关机 F3：倾斜　　P ↓
（3）按 F4 键两次。	参数组 1　　3/3 F1：RS-232C P ↓
（4）按 F1 键，显示以前的设置值和先前设置状态。	RS-232C　　1/3 F1：波特率 F2：数据位/奇偶位 F3：停止位　　P ↓
（5）按 F3 选择停止位，显示以前的设置值。	停止位 F1：1 F2：2 回车
（6）按 F2 选择停止位 2，再按 F4（回车）键	

四、显示屏对比度的设置

设置液晶显示窗（LCD）对比度等级如表 2-3-13 所示。

表 2-3-13　　显示屏对比度等级设置

操 作 过 程	显 示
（1）按 MENU 键，再按 F4（显示“P ↓”）键两次，进入第 3 页菜单。	菜单　　3/3 F1：参数组 1 F2：对比度调节 P ↓
（2）按 F2（显示“F2：对比度调节”）键。	对比度调节 等级：5 ↓　↑　---　回车
（3）按 F1（↓）键或 F2（↑）键，再按 F4（回车）键	

五、设置音响模式

该模式可显示电子距离测量（EDM）时接收到的光线强度（信号）、大气改正值（PPM）和棱镜常数改正值（PSM）。

一旦接收到来自棱镜的反射光，仪器即发出蜂鸣声，当目标难以寻找时，使用该功能可以很容易地瞄准目标。操作过程如表 2–3–14 所示。

表 2–3–14　　　　音 响 模 式 设 置

操 作 过 程	显　示
（1）确认进入距离测量模式第一页屏幕。	HR:　120° 30′40″ HD:　123.456m VD:　5.678m 测量　模式　S/A　P↓
（2）按 F3（显示“S/A”）键，模式变为设置音响模式，显示棱镜常数改正（PSM）、大气改正值（PPM）和反射光的强度（信号）	设置音响模式 PSM：0.0　PPM　0.0 信号：[▮ ▮ ▮ ▮ ▮] 棱镜　PPM　T–P　---

注　1. 一旦接收到反射光，仪器即发出蜂鸣声，若关闭蜂鸣声，可参阅本节的“选择模式”。

2. F1～F3 键用于设置大气改正和棱镜常数。

3. 按 ESC 键可返回正常测量模式。

六、设置棱镜常数

拓普康的棱镜常数应设置为零。若不是使用拓普康的棱镜，则必须设置相应的棱镜常数。一旦设置了棱镜常数，则关机后该常数仍被保存。操作过程如表 2–3–15 所示。

表 2–3–15　　　　棱 镜 常 数 设 置

操 作 过 程	显　示
（1）在距离测量或坐标测量模式，按 F3（显示“S/A”）键。	设置音响模式 PSM：0.0　PPM　0.0 信号：[▮ ▮ ▮ ▮ ▮] 棱镜　PPM　T–P　---

续表

操 作 过 程	显 示
（2）按 F1（显示“棱镜”）键。	棱镜常数设置 棱镜：　0.0m ---　---　［CLR］　［ENT］
（3）键盘输入棱镜常数改正值，按 F4（显示［ENT］）确认键，显示屏返回到音响设置模式	设置音响模式 PSM：14.0PPM　0.0 信号：［▌ ▌ ▌ ▌ ▌］ 棱镜　PPM　T–P　---

注 1. 棱镜常数改正值的输入参阅第二章第一节的“字母数字输入法”。

2. 输入范围：–99.9mm～+99.9mm，步长 0.1mm。

七、设置大气改正

光线在空气中的传播速度并非常数，它随着大气的温度和压力而变化。本仪器一旦设置了大气改正值，即可自动对测距结果实施大气改正，本仪器的标准大气状态为：温度 15℃/59℉，气压 1013.25hPA/760mmHg/29.9inHg。此时大气改正为 0ppm，大气改正值在关机后仍可保留在仪器内存中。

（一）大气改正值的计算

改正公式如下：

$$K_{\mathrm{a}}=\left\{279.85-\frac{79.585\times P}{273.15+t}\right\}\times 10^{-6}$$

式中 K_{a}——大气改正值，m；

P——周围大气压力，hPa；

t——周围大气温度，℃。

经过大气改正后的距离 L（m）可由下式得到

$$L=l(1+K_{\mathrm{a}})$$

式中 l——未加大气改正的距离测量值。

例：设气温为+20℃，气压为 847hPa，$l=1000$m，则

$$K_{\mathrm{a}}=\left\{279.85-\frac{79.585\times 847}{273.15+20}\right\}\times 10^{-6}$$

$$\approx 50\times 10^{-6}\ (50\mathrm{ppm})$$

$$L=1000(1+50\times 10^{-6})=1000.050\mathrm{m}$$

（二）大气改正值的设置

1. 直接设置温度和气压值的方法

预先测得测站周围的温度和气压，如：温度为+26℃、气压为1017hPa，操作过程如表2–3–16所示。

表2–3–16　　大气改正值设置实例

操作过程	显示
（1）由距离测量或坐标测量模式下，按F3（显示“S/A”）键。	显示设置音响模式 PSM：0.0　PPM　0.0 信号：[▮ ▮ ▮ ▮ ▮] 棱镜　PPM　T–P　---
（2）按F3（显示“T–P”）键。	温度和气压设置 温度→ 0.0℃ 气压：1013.2hPa ---　---　[CLR]　[ENT]
（3）用键盘输入温度与气压值。按F4（显示［ENT］）键确认键，返回到设置音响模式	温度和气压设置 温度→ 26.0℃ 气压：1017.0hPa ---　---　[CLR]　[ENT]

注　1. 参阅第二章第一节的“字母数字输入方法”。

2. 输入范围：温度–30～60℃（步长0.1℃）或–22～140℉（步长0.1℉）；气压560～1066.0hPa（步长0.1hPa），420～800mmHg（步长0.1mmHg）或16.5～31.5inHg（步长0.1inHg）。

3. 如果根据输入的温度和气压算出的大气改正值超过±999.9ppm范围，则操作过程自动返回到第(3)步，重新输入数据。

2. 直接设置大气改正值的方法

先测定温度和气压，然后在大气改正图上或根据改正公式求得大气改正值(ppm)。操作过程如表2–3–17所示。

表2–3–17　　直接设置大气改正值操作过程及显示

操作过程	显示
（1）由距离测量或坐标测量模式下按F3（显示“S/A”）键，进入设置音响的模式。	设置音响模式 PSM：0.0　PPM　0.0 信号：[▮ ▮ ▮ ▮ ▮] 棱镜　PPM　T–P

续表

操 作 过 程	显 示
（2）按 F2（显示“PPM”）键，显示当前设置值。 （3）输入大气改正值，按 F4（显示［ENT］）确认键，返回到设置音响模式	PPM 设置 PPM： 0.0ppm --- --- ［CLR］ ［ENT］

注 1. 参阅第二章第一节的“字母数字输入方法”。

2. 输入范围：–999.9～999.9ppm，步长 0.1ppm。

八、选择模式

1. 选择模式的项目

选择模式的设置如表 2–3–18 所示。

表 2–3–18 选择模式的项目设置

菜 单	项 目	选择项	内 容
单位设置	温度和气压	C/F hPa/mmHg/inHg	内容选择大气改正用的温度单位和气压单位
	角度	DEG（360°）/ GON（400G）/ MIL（6400M）	选择测角单位，drg/gon/mil（度/哥恩/密位）
	距离	METER/FEET/ FEET 和 inch	选择测距单位，m/ft/ft.in（米/英尺/英尺.英寸）
	英尺	美国英尺/ 国际英尺	选择 m/ft 转换系数。 美国英尺：lm = 3.280 833 333 333 3ft 国际英尺：lm = 3.280 839 895 013 123ft
模式设置	开机模式	测角/测距	选择开机后进入测角模式或测距模式
	精测/粗测/跟踪	精测/粗测/跟踪	选择开机后的测距模式（精测/粗测/跟踪）
	平距/斜距	平距和高差/斜距	说明开机后优先显示的数据项、平距和高差或斜距
	竖角 ZO/HO	天顶 0/水平 0	选择垂直角读数从天顶方向为零基准或水平方向为零基准计数
	N 次重复	N 次/重复	选择开机后测距模式，N 次/重复测量
	测量次数	0～99	设置测距次数，若设置为 1 次，即为单次测量
	NEZ/ENZ	NEZ/ENZ	选择坐标显示顺序（NEZ/ENZ）

续表

菜 单	项 目	选择项	内 容
模式设置	HA 存储	开/关	设置水平角在仪器关机后可被保存在仪器中
	ESC 键模式	数据采集/放样/记录/关	可选择［ESC］键的功能。 数据采集/放样：在正常测量模式下按［ESC］键，可以直接进入数据采集模式下的数据输入状态或放样菜单。 记录：在进行正常或偏心测量时，可以输出观测数据。 关：回到正常功能
	坐标检查	开/关	选择在设置放样点时是否要显示坐标（开/关）
	EDM 关闭时间	0～99	设置电子测距（EDM）完成后到测距功能中断的时间时，可以选择此功能，它有助于缩短从完成测距状态到启动测距的第一次测量时间（缺省值为3min）。 0：完成测距后立即中断测距功能。 1～98：在 1～98min 后中断。 99：测距功能一直有效
	精读数	0.2/1mm	设置测距模式（精测模式）最小读数单位为 1mm 或 0.2mm
	偏心竖角	自由/锁定	在角度偏心测量模式中选择垂直角设置方式。 FREE：垂直角随望远镜上、下转动而变化。 HOLD：垂直角锁定，不因望远镜转动而变化
其他设置	水平角蜂鸣声	开/关	说明每当水平角为 90° 时是否要发出蜂鸣声
	信号蜂鸣声	开/关	说明在设置声响模式下是否要发出蜂鸣声
	两差改正	关/K＝0.14/K＝0.20	设置大气折光和地球曲率改正，折光系数有 K＝0.14、K＝0.20 或不进行两差改正
	坐标记忆	开/关	选择关机后测站点坐标、仪器高和棱镜高是否可以恢复
	记录类型	REC–A/REC–B	数据输出的两种模式：REC–A 或 REC–B。 REC–A：重新进行测量并输出新的数据。 REC–B：输出正在显示的数据
	CR，LF	开/关	确定数据输出是否含回车和换行
	NEZ 记录格式	标准方式/标准 12 位/附原始观测/附观测 12 位	选择坐标记录格式、标准格式或 11 位并附原始观测数据
	输入 NEZ 记录	开/关	确定在放样模式或数据采集模式下是否记录由键盘直接输入的坐标
	语言	英语/其他	选择显示用的语言

续表

菜 单	项 目	选择项	内 容
其他设置	ACK 模式	标准方式/省略方式	设置与外部设备进行数据通信的过程。 STANDARD：正常通信过程。 OMITTED：即使外部设备去[ACK]联络信息，数据也不再被发送
	格网因子	使用/不使用	确定在测量数据计算中是否要使用坐标格网因子
	挖与填	标准方式/挖和填	在放样模式下，可显示挖和填的高度，而不显示 dZ
	回显	开/关	可输出回显数据
	对比度菜单	开/关	在仪器开机时，可显示用于调节对比度的屏幕并确认棱镜常数（PSM）和大气改正值（ppm）

2. 参数选择的方法

参数选择的方法参阅表 2–3–19 示例。表中，设置气压和温度单位为 hPa 和℉，坐标记忆：开（测站点坐标关机后可恢复）。

表 2–3–19　　参数选择的操作过程及显示

操 作 过 程	显 示
（1）分别按住 F2 键和开机键（POWER）。	参数组 2 F1：单位设置 F2：模式设置 F3：其他设置
（2）按 F1（显示“F1：单位设置”）键。	单位设置　1/2 F1：温度和气压 F2：角度 F3：距离　P ↓
（3）按 F1（显示“F1：温度和气压”）键。	温度和气压设置 温度：　℃ 气压：　mmHg °℃　℉　---　回车
（4）按 F2（显示“℉”）键，再按 F4（显示“回车”）键。	温度和气压设置 温度：　℉ 气压：　mmHg hPa　mmHg　inHg 回车

续表

操 作 过 程	显 示
（5）按 F1（显示“hPa”）键，再按 F4（显示“回车”）键返回单位设置菜单。	单位设置 1/2 F1：温度和气压 F2：角度 F3：距离 P↓
（6）按 ESC 键，返回参数设置（参数组 2）菜单。	参数组 2 F1：单位设置 F2：模式设置 F3：其他设置
（7）按 F3（显示“F3：其他设置”）键。	其他设置 1/5 F1：水平角蜂鸣声 F2：信号蜂鸣声 F3：两差改正 P↓
（8）按 F4（显示“P↓”）键，进入第 2 页功能。	其他设置 2/5 F1：坐标记忆 F2：记录类型 F3：CR，LF P↓
（9）按 F1（显示“F1：坐标记忆”）键。	坐标记录 [关] F1：坐标记忆 F2：记录类型 [开] [关] --- 回车
（10）按 F1（显示“[开]”）键，再按 F4（回车）键，返回其他设置菜单。	其他设置 2/5 F1：坐标记忆 F2：记录类型 F3：CR，LF P↓
（11）关机	

注 当设置项目达 4 个及 4 个以上时，可使用上、下光标键来选择。

九、注意事项

（1）搬运仪器要抓住仪器的提手或支架，切不可拿仪器的镜筒，否则会影响内部固定部件，从而降低仪器的精度。

（2）未装滤光片时不要将仪器直接对准阳光，否则会损坏仪器内部元件。

（3）在未加保护的情况下，决不可置仪器于高温环境中，仪器内部的温度会很容易高达70℃以上，从而减少其使用寿命。

（4）仪器应存放在温度在-30～60℃范围的房间内。

（5）在需要进行高精度观测时，应采取遮阳措施防止阳光直射仪器和三脚架。

（6）仪器和棱镜遭到任何温度的突变均会降低测程，如当仪器从很热的汽车中刚取出时。

（7）开箱拿出仪器时，应先将仪器箱放置水平，再开箱。

（8）仪器装箱时确保仪器与箱内的白色安置标志相吻合，且仪器的目镜向上。

（9）搬运仪器时，要提供合适的减振措施或垫子，以防仪器受到突然的振动。

（10）使用后若要清洁仪器，请使用干净的毛刷扫去灰尘，然后再用软布轻擦。

（11）清洁仪器透镜表面时，请先用干净的毛刷扫去灰尘，再用干净的无绒棉布蘸酒精（或乙醚混合液）由透镜中心向外一圈圈轻轻擦拭。

（12）不论仪器出现任何异常现象，切不可拆卸仪器或添加任何润滑剂，而应与生产商及代销商联系。

（13）除去仪器箱上的灰尘时切不可使用任何稀释剂或汽油，而应用干净的布块蘸中性洗涤剂擦洗。

（14）三脚架伸开使用时应检查其各部件，包括各种螺旋应活动自如。

十、技术规格

1. 望远镜

长度：1500mm

物镜：45mm（EDM50mm）

放大倍率：30x

成像：正像

视场角：1°30′

分辨率：3.0″

最短视距：1.3m

十字丝照明：已装备

2. 距离测量

其仪器测程与棱镜及大气条件关系见表2-3-20。

表 2-3-20　　仪器测程与棱镜及大气条件关系

仪器型号	棱　镜	大　气　条　件	
		条件 1	条件 2
GTS-102N GTS-105N	微型棱镜	900m（3000ft）	—
	1 块棱镜	2000m（6600ft）	2300m（7500ft）
	3 块棱镜	2700m（8900ft）	3100m（10 200ft）
	9 块棱镜	3400m（11 200ft）	4000m（13 200ft）

条件 1：薄雾、能见度约 20km（12.5mile）、中等阳光、稍有热闪烁；

条件 2：无雾、能见度约 40km（25mile）、阴、无热闪烁。

测量精度：

GTS-102N/105N：±（2mm＋2ppm×D）m.s.e.，其中 D 为距离观测值（mm）。

最小读数：

精测模式：1mm（0.005ft）/0.2mm（0.001ft）

粗测模式：10mm（0.02ft）/1mm（0.005ft）

跟踪模式：10mm（0.02ft）

测量显示：12 位，最大显示 99 999 999.999 9

测量时间：

精测模式：1mm：1.2s（首次 4s）

0.2mm：2.8s（首次 5s）

粗测模式：0.7s（首次 3s）

跟踪模式：0.4s（首次 3s）

（首次测量时间随大气条件和 EDM 关闭时间的设置状态而变）

大气改正范围：–999.9ppm～+999.9ppm，步长 0.1ppm。

棱镜常数改正范围：–99.9mm～+99.9mm，步长 0.1mm。

单位换算系数因子：m/inch，1m＝3.280 839 850 1inch（国际英尺），1m＝3.280 8333 333inch（美国测量英尺）。

电子角度测量：

读数方式：绝对法读数

探测系统：

水平角 GTS-102N/105N：对径

垂直角 GTS-102N/105N：单面

最小读数 GTS-102N/105N/：5″/1″（1mgon/0.2mgon）

精度（基于 DIN18723 的标准偏差）：

GTS–102N：2″（0.6mgon）

GTS–105N：5″（1.5mgon）

测量时间：小于 0.3s

度盘直径：71mm

仪器倾斜改正（自动指标）如下：

倾斜传感器 GTS–102N/105N：自动垂直补偿器

方式：液态补偿器

补偿范围：±3′

改正单位：1″（0.1mgon）

第三篇

GPS 测量

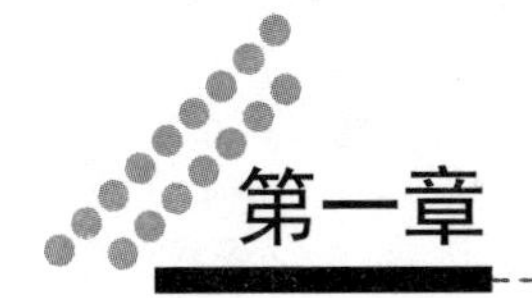

第一章

GPS 介 绍

第一节 概 述

全球定位系统（Global Positioning System，GPS）作为全球性、全天候、高精度测量的一种新型方式，已被广大用户所接受。GPS是高新技术的产物，经过30多年的发展，已广泛运用到各个行业中，尤其在实时精密导航、高精度定位、工程规划、施工建设等以及国家控制网和地形测绘等方面提供技术支持。

一、GPS系统的组成

GPS系统主要由空间卫星、地面监控和用户设备三大部分组成。

1. 空间/卫星部分

空间部分由24个卫星均匀分布在6个倾角为55°的轨道上绕地球运行。每个轨道4个卫星，其中有21个工作卫星，3个作为备用活动卫星，卫星编号为0～31，并随着卫星寿命的到期，会发射陆续的替代卫星，以维持GPS卫星星座的稳定。卫星运行周期为地球自转的两倍，即地球自转一周，卫星绕地球运行两周，保证了地球上任意时刻、任何地点至少可以同时观测到4个卫星，最多可以见到11个。卫星接收、存储和处理监控站发来的信息，并不断向用户发送导航电文，如图3–1–1所示。

GPS卫星发送的信号：卫星导航电文，包括广播星历和历书，卫星工作状态；伪随机码，包括了C/A码（粗码），码长1023bit，周期1ms，距离293km；以及P码（精码），码长$2.35*10^{14}$，周期为267天，距离29.3m。所有的信号都经过处理，加载在载波上进行发射，载波有两类：① L1波段，频率为1545.42MHz，波长19.05cm；② L2波段，频率为1227.60MHz，波长24.45cm。

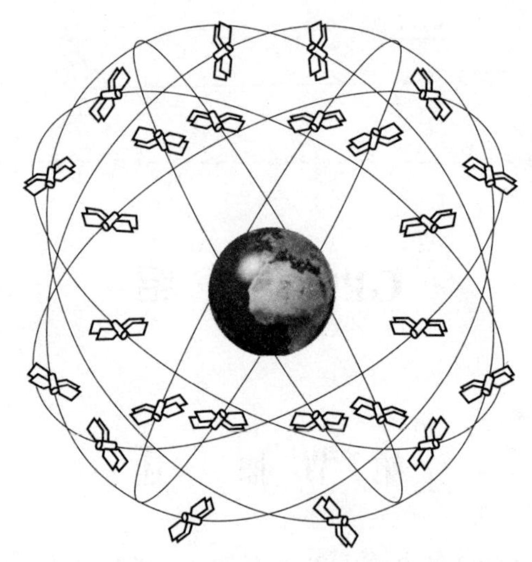

图 3-1-1　GPS 卫星分布图

2. 地面监控部分

GPS 系统工作卫星的地面监控部分包括主控站、注入站和监测站，用来监控卫星信号，纠正卫星姿态，调整卫星分布，修正轨道信息等控制卫星正常工作的功能及采集数据、推算编制导航电文及其他控制指令注入卫星存储系统。

3. 用户设备部分

用户设备由 GPS 接收机硬件、数据处理软件及相应的用户终端构成，即通常我们所说的 GPS 仪器。用户设备的作用是接收卫星发出的信号，以获得必要的导航和定位信息，并解算出卫星发出的导航电文，实时地完成导航和定位工作。GPS 接收机的结构分为天线单元和接收单元两大部分。测量型接收机两个单元一般分成两个独立的部件，观测时将天线单元安置在测站上，接收单元置于测站附近的适当地方，用电缆将两者连接成一个整机。也有的将两个单元制作成一个整体，观测时将其安置在测站点上。

二、GPS 接收机的基本分类

GPS 接收机按其用途和使用频率的不同具有多种形式。按功能分可分为导航型、测地型、授时型、测姿型，按运动状态可分为手执型、车载型、船载型、机载型。

1. 测地型接收机的类型分为单频型和双频型

（1）单频接收机。单频接收机只接收 L1 载波。单频接收机由于不能有效消除电离层延迟的影响，因此精度较低，适用于要求不高的短基线（小于 20km）的测量。

（2）双频接收机。双频接收机同时接收 L1 和 L2 两种载波。双频接收机由于可以利用技术，消除或者减弱电离层的影响，定位时精度较高。

2. 接收机分类

（1）导航型接收机。此类接收机单点定时定位，精度较低，主要运用在运动载体的导航中，它可以实时给出载体的位置和速度。常用的汽车导航仪就属于导航型接收机。

（2）测量型接收机。此类接收机主要用于精密大地测量和精密工程测量。这类仪器主要采用载波相位观测值，进行相对定位，定位精度较高，仪器结构也较复杂。线路工程测量就是使用测量型接收机。

三、GPS 定位与相位测量

GPS 定位是通过测定每一个可见卫星的离地距离后用后方交会法来测定的，而卫星离地面的距离则通过载波上的 C/A 码或相位来测定。从卫星的信息码发射到被 GPS 天线接收，二者间存在着时间差。对这一时间差的记录，使测量成为可能，测量出来的时间差乘以光速，就可以得出卫星天线到地面的距离。

测量型 GPS 接收机可通过载波相位测出很精确的卫星天线到地面接收机天线的距离，每一个卫星发射到接收天线上的整波数量加上相位小数，就可测出卫星离地距离（L1 和 L2 波长是已知的）。卫星与接收天线之间的载波的整数称为整周模糊度。对厘米级精度的后处理测量而言，整周数在进行后处理时得出；对厘米级精度的实时测量而言，整周数在初始化时即可得出。

GPS 测量至少需要两台 GPS 接收机同时接收 4 个以上卫星。使用两台接收机进行讨论时，一台为基站，另一台为移动站。基站设在一个已知点上，移动站则设在要测或要放样的点上，这两台接收机上的载波相位数据经过接收机板内嵌软件解算后，得到基站和移动站之间的三维向量。可以用不同的观测技术来测出移动站相对于基站的位置，根据解决方案，按时间不同对观测技术进行分类。实时技术在测量期间使用无线电电台把基站的观测信息传给移动站，测量结束，成果也得出。后处理技术则要进行数据存储及在测量结束后，在办公室用基线解算软件处理后才能得出成果。

通常，观测技术的选择取决于接收机规格、精度要求、时间限制及是否需要实时成果等众多的因素。

四、GPS 定位作业模式

（1）静态定位作业模式：由两台或两台以上 GPS 接收机设置在待测基线端点上，捕获和跟踪 GPS 卫星的过程中固定不变，接收高精度测量 GPS 信号的传播时间，利用卫星在轨的已知位置，解算出接收机天线所在位置的三维坐标。

（2）动态定位作业模式：GPS 接收机安置在运动载体上，如行走的车辆，载体上的 GPS 接收机天线在跟踪卫星的过程中相对地球而运动，接收机利用 GPS 信号实时地测得运动载体的状态参数，即瞬间的三维坐标和三维速度，如图 3–1–2 所示。

图 3–1–2　GPS 车载导航模式

（3）相位差分定位技术作业（又称为 RTK 技术）模式：作业方法是在基准站上安置一台 GPS 接收机，对所有可见卫星进行连续地观测，并将其观测数据通过无线电传输设备实时地发送给用户观测站。在用户观测站上，GPS 接收机在接收 GPS 卫星信号的同时，通过无线电接收设备，接收基准站传输的观测数据；然后根据相对定位的原理，实时地提供观测点的三维坐标，并达到厘米级的高精度，如图 3–1–3 所示。该作业模式满足了一般工程测量的要求，目前线路测量定位基本采用这种作业模式。

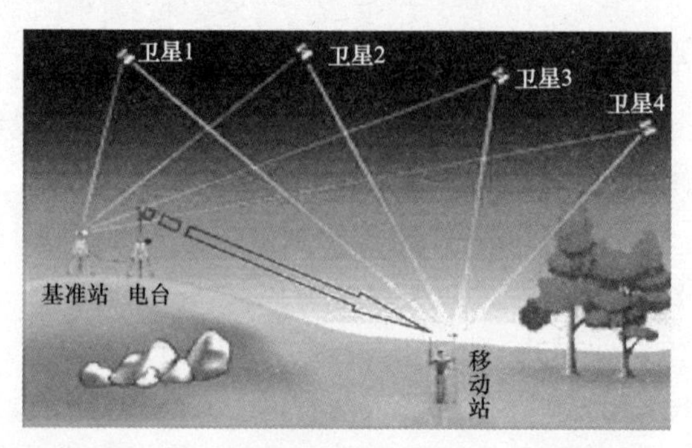

图 3–1–3　相位差分定位技术作业模式

第二节　GPS 测量仪结构

GPS 测量仪一般由基准站、电台、移动站、蓄电池（电源）等部分组成。

基准站：基准站由天线、主机（GPS 接收机）、三脚架、蓄电池（电源）等组成。基准站上的主机即 GPS 接收机，对所有可见卫星进行连续地观测，并将其观测数据通过无线电传输设备实时地发送给移动站，即用户观测站，如图 3–1–4 所示。

电台：通过与主机连接向移动站发送主机的观测数据。

移动站：由 GPS 接收机、手簿及标杆等组成。移动站上的 GPS 接收机在接收 GPS 卫星信号的同时，通过无线电接收设备，接收基准站传输的观测数据，然后根据相对定位的原理，实时地通过手簿提供观测点的三维坐标，并达到厘米级的高精度。手簿上装有软件，通过无线蓝牙与移动站上的 GPS 接收机连接，如图 3–1–5 所示。

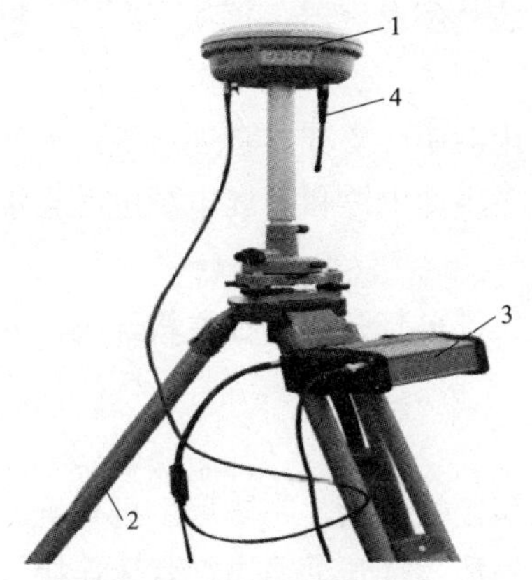

图 3–1–4　基准站设备

1—主机；2—三脚架；3—电台；4—天线

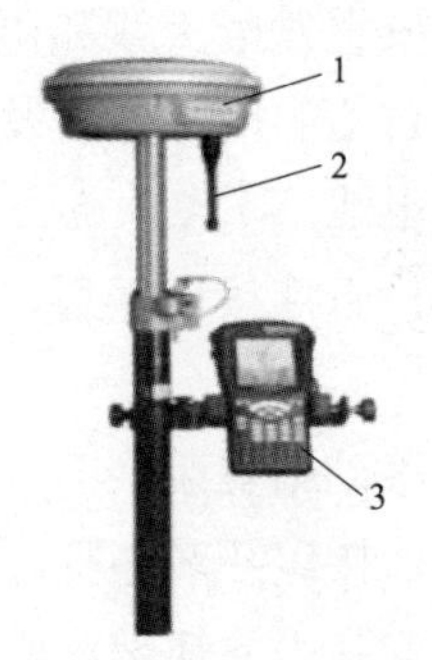

图 3–1–5　移动站设备

1—移动站 GPS 接收机；2—天线；3—手簿

测 量 前 的 准 备

本章以拓普康（TOPCON）产品为例，介绍 GPS 测量仪器在线路工程测量中的应用。

第一节 仪 器 的 架 设

一、基准站架设安装

（1）在基准站架设点安置脚架，安装基座对点器，再将基准站主机装上连接器，置于基座之上，对中整平。

（2）安置发射大线和电台，建议使用对中杆支架，将连接好的天线尽量升高，再在合适的地方安放发射电台，用多用途电缆和扩展电源电缆连接主机、电台和蓄电池。

（3）检查连接无误后，打开电池开关，再打开电台和主机开关，并进行相关设置。

二、移动站安装

（1）连接碳纤对中杆，移动站主机和接收天线，完毕后主机开机。

（2）安装手簿托架，固定数据采集手簿，打开手簿进行蓝牙连接，连接完毕后即可进行仪器设置操作。

第二节 仪 器 的 设 置

仪器的各种设置主要通过 GPS 测量仪的操作软件来进行。通常的操作步骤是：设置→仪器设置，仪器设置包括设置工作模式、设置静态参数和设置数据链。

一、设置工作模式

不同的仪器设备都可以进行手工设置。不论基准站还是移动站，都可以通过手工来对工作模式进行设置。工作模式可以分为动态工作模式和静态工作模式。

二、手簿设置

手簿能对接收机进行动态、静态及数据链的设置，但不能进行静态转动态的设置。用手簿切换其他模式之后，要对各模式的参数进行设置，如静态模式包括点名、采集间隔、卫星截止角、天线高和开始采集的 PDOP 条件；基准站或动态进行电台、模块及外置的设置等；而手动切换，参数则沿用默认设置参数。注意：手簿和主机连接若用连接线时，连接时注意端口的设置。

三、新建作业的一般设置

将 GPS 天线整平对中，连接接收机和手簿。接收机和手簿均开机，设置各个设备的连接设置。使用 Top SURV 软件主菜单上面的图标。

（1）设置 Top SURV 连接的仪器类型为 GPS+。打开 TC2000 手簿，进入此界面，计算机桌面如图 3–2–1 所示。

图 3–2–1　计算机桌面

（2）双击 Top SURV 图标，打开 Top SURV 操作界面，如图 3–2–2 所示。

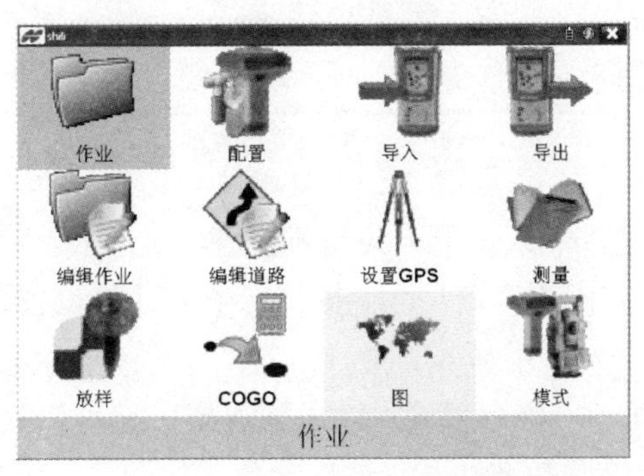

图 3–2–2　Top SURV 操作界面

（3）新建作业：在名称栏里面，建立一个自己最容易辨认的名称，所有测量结果保存在该作业里，如图 3–2–3 所示。

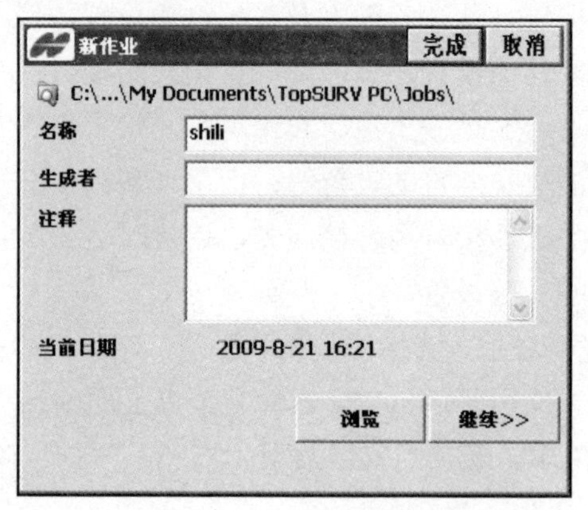

图 3–2–3　新建作业

（4）打开作业：进入此界面，点击“新建”按钮，进入新建作业界面；也可以选中作业，然后点击“打开”按钮，直接进入已建好的作业，如图 3–2–4 所示。

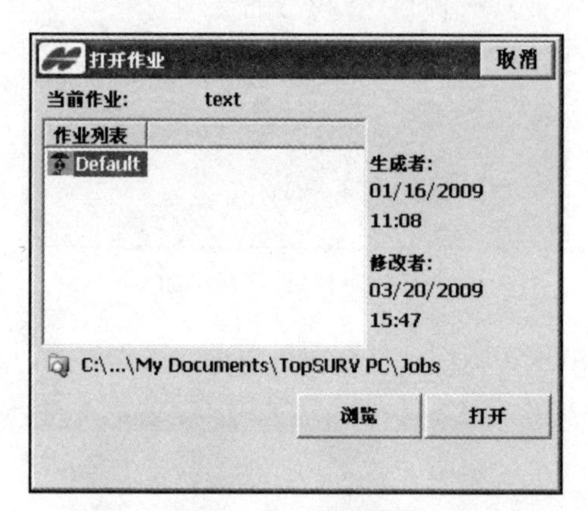

图 3–2–4　打开作业

（5）编辑配置集：进入该界面设置配置集，点击 ... 按钮，可以增加或编辑 GPS+配置集，如图 3–2–5 所示。根据作业方式来设置配置集，如图 3–2–6 所示。

（6）编辑配置集——电台模式：输入配置集名称，类型选择“RTK”，点击“继续”按钮，分别设置基准站及移动站参数，如图 3–2–7 所示。

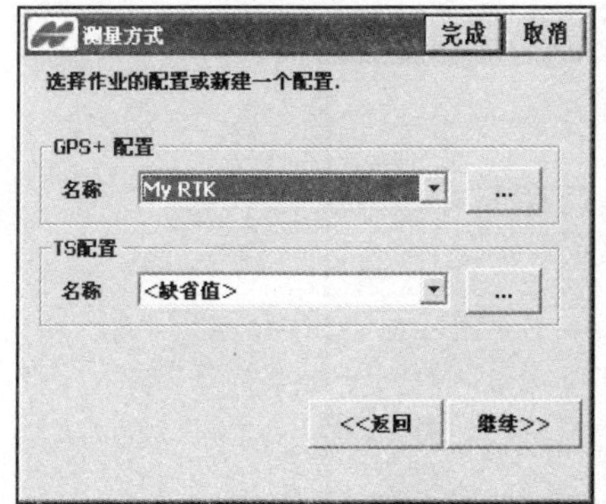

图 3-2-5　编辑 GPS+配置集

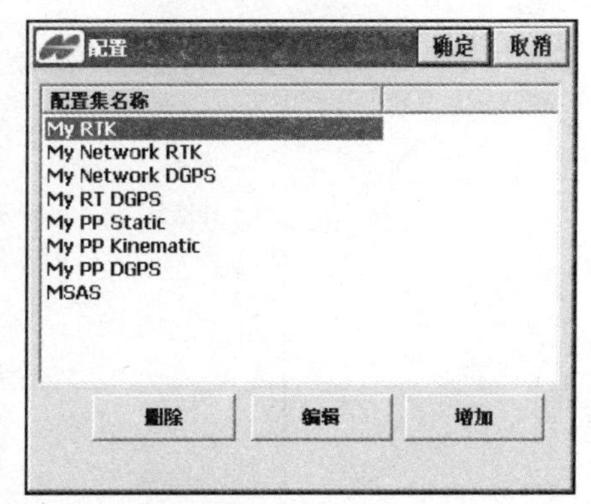

图 3-2-6　设置配置集

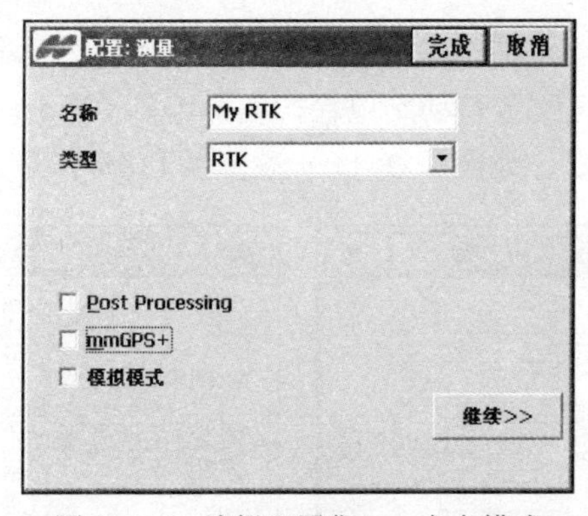

图 3-2-7　编辑配置集——电台模式

（7）电台模式——基准站参数：接收机型号选择“普通拓普康产品”，天线选择“Hiper Ga/Gb”；配置基准站电台，电台选择“Hiper 内置数字 UHF”；电台协议均为“Simplex”，如图 3-2-8～图 3-2-10 所示。

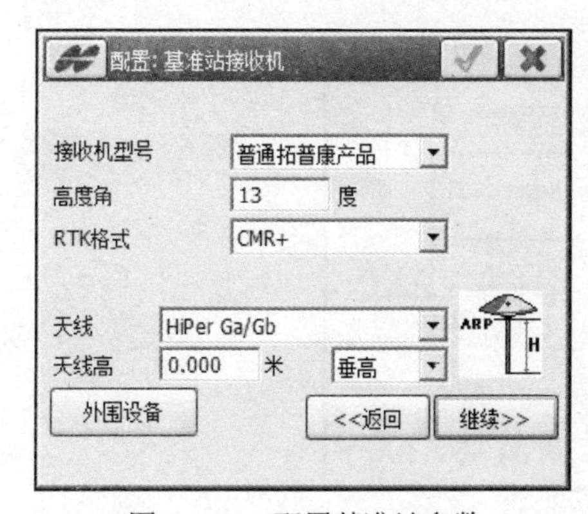

图 3-2-8　配置基准站参数

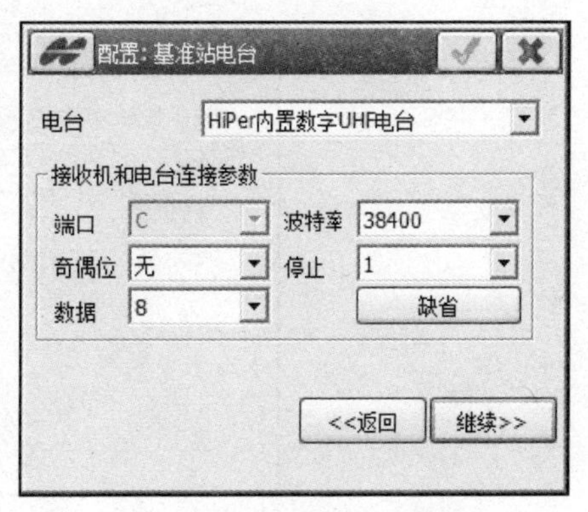

图 3-2-9　配置基准站电台

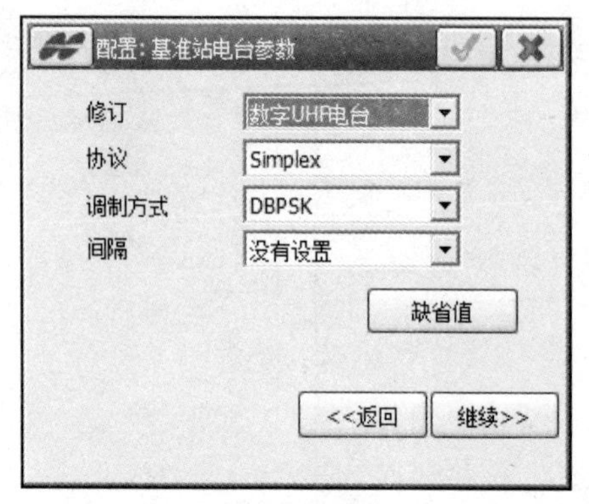

图 3-2-10　配置基准站电台参数

（8）电台模式——移动站参数：接收机型号选择“普通拓普康产品”，天线选择“Hiper Ga/Gb”；配置移动站电台，电台选择“Hiper 内置数字 UHF”；电台协议均为“Simplex”，如图 3-2-11～图 3-2-13 所示。

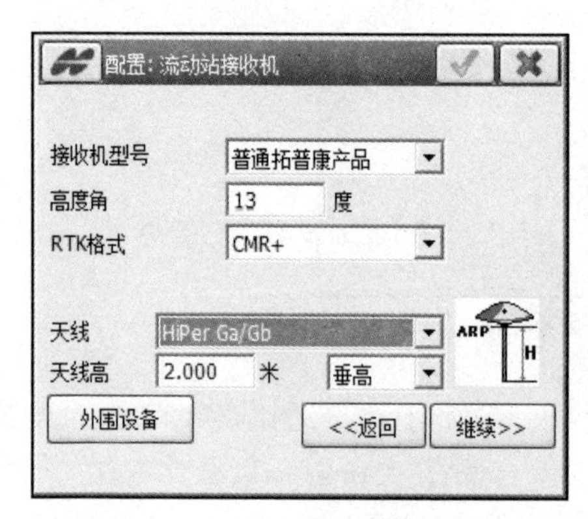

图 3-2-11　配置移动站接收机

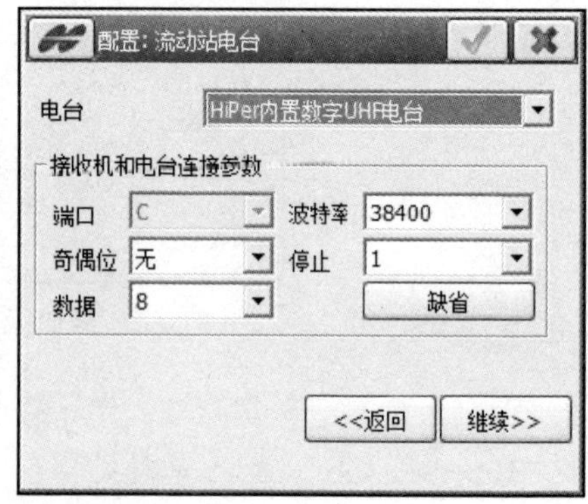

图 3-2-12　配置移动站电台

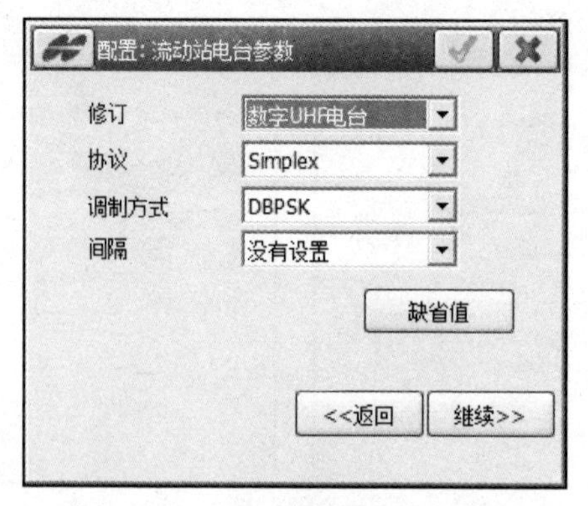

图 3-2-13　配置移动站电台参数

（9）配置集其他选项：配置测量及放样参数，配置集设置完成，如图 3–2–14～图 3–2–17 所示。

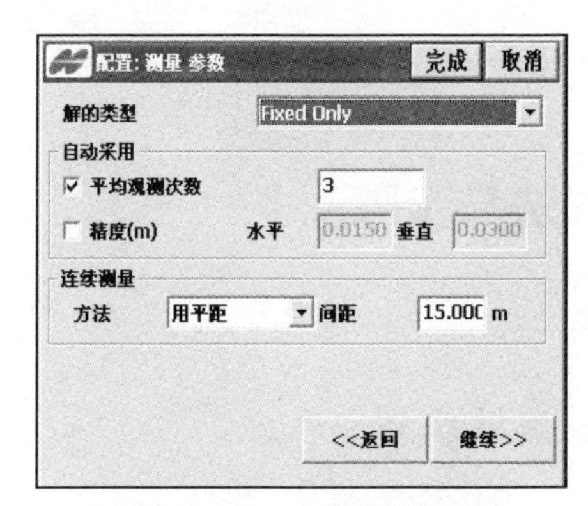

图 3–2–14　配置测量参数

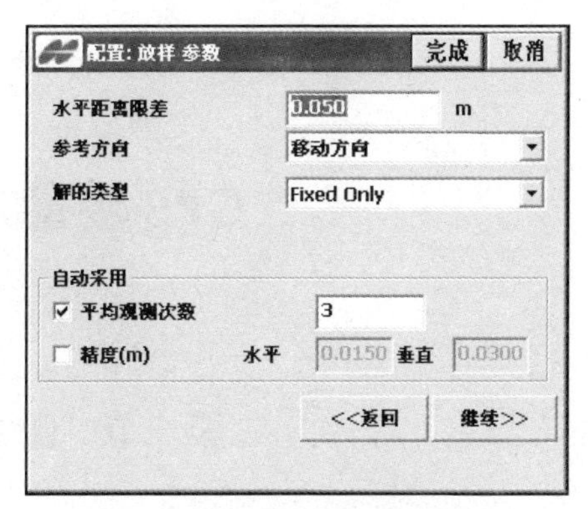

图 3–2–15　配置放样参数（1）

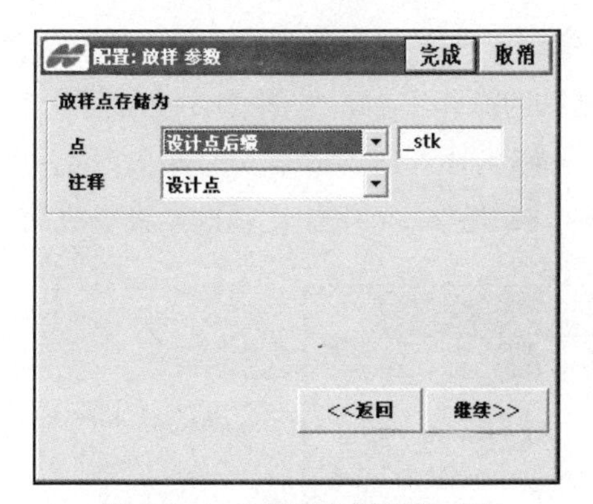

图 3–2–16　配置放样参数（2）

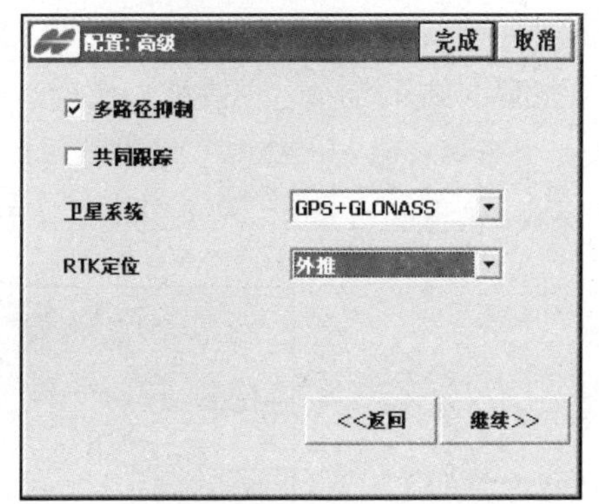

图 3–2–17　配置高级选项

GPS 测量方法与步骤

第一节　GPS 测量设置

一、基准站设置

将手簿和基准站连接，手簿和基准站均开机。在“设置 GPS”菜单中选择“设置基准站”选项，直接进入设置基准站的操作界面，如图 3–3–1 所示。输入一个点名，输入天线高。如果有该点的 84 坐标，则直接输入；如果没有，点击，观测 1～2min，结束观测；点击“设置基准站”按钮，基准站设置成功。

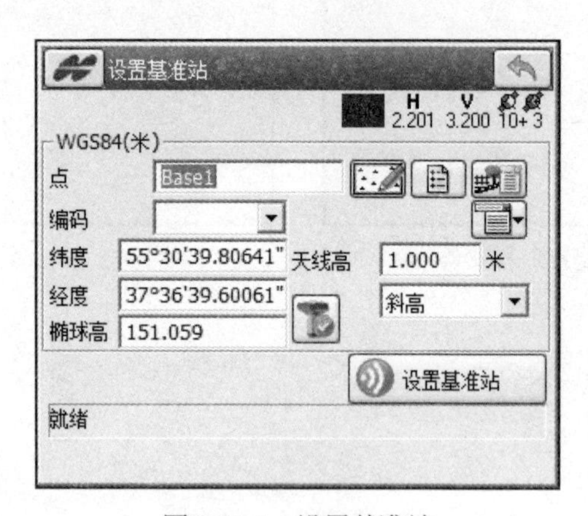

图 3–3–1　设置基准站

二、移动站操作

基准站设置完成后，断开蓝牙，然后和移动站的蓝牙相连，基准站开始工作。

因为 GPS 所测的都是 WGS–84 坐标，而需要的是工程所在的地方坐标。所以，必须先进行坐标转换，只需输入 3 个地方坐标点和对应的 WGS–84 坐标

（84 坐标接收机可以直接测得）即可，具体操作如下：

1. 输已知点

先将地方点坐标输入，选择“编辑作业”菜单中的“点”选项，点击“增加”按钮，输入地方坐标点，点击“ ”按钮，可以选择坐标类型为平面，如图 3–3–2 所示。

图 3–3–2 输入已知点

2. 坐标转换

输入已知点后，即可进行坐标转换了，选择“设置 GPS→坐标转换”菜单，点击“增加”按钮，如图 3–3–3 所示，进入下一界面，如图 3–3–4 所示。

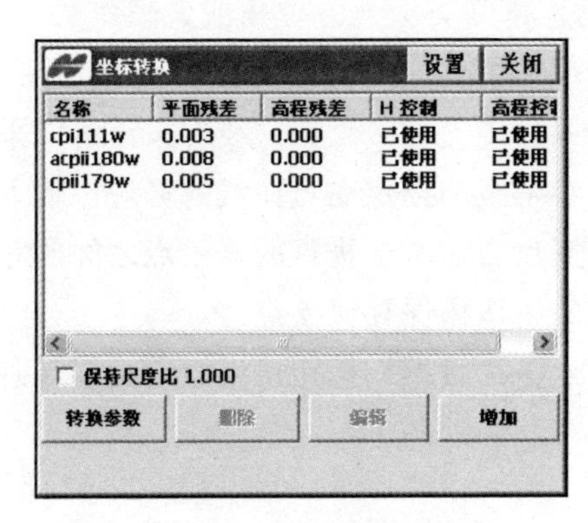

图 3–3–3 坐标转换

图 3–3–4 增加转换点

（1）地方点：输入地方点名称，如 acpii180。

（2）WGS84 点：输入 acpii180_84 表示是该点的 84 坐标，然后把移动站放在该点上。注意，图中划圈的地方一定要是 Fixed。点击“开始观测”，然后点击“确定”按钮。重复此步骤，用 3 个坐标点进行坐标转换。

注意：如果要进行坐标转换的控制点的 WGS84 点已存在，则选好这两个点后直接点击“确定”按钮即可，否则需要观测该控制点，确定其 WGS84 坐标。具体操作是：把移动站置于该点，输入点名，点击“开始观测”按钮，观测大约 10 个历元，点击“确定”按钮即可。

第二节　GPS 的 RTK 测量

RTK 测量时，需要至少两台接收机，一台为基准站，与其相连的天线在已知点上对中整平；一台为移动站，与其相连的天线在待测点上对中整平。如果是在地方坐标系统下测量，则还需计算坐标转换参数。RTK 有点测量和线测量两种模式。点测量是指逐个点地进行测量；线测量是指按一定的时间或一定的距离进行自动测量，通常用于动态测量。

一、点测量

将手簿和移动站连接，手簿和移动站均开机。

（1）选择“测量/点测量”菜单。

（2）输入点号、编码、天线高、量高方式等信息。

（3）点击“设置”按钮，可以修改测量的参数。

（4）如果被测点难以到达，可以采用偏距法进行支点。点击“偏距”按钮、“AzDisHt”按钮，输入支点的点号和编码、角度类型（方位角或象限角）、高的类型（天顶距、高度角、垂直距离）和水平距离。点击相应的按钮可以切换角度类型或高的类型。点击“存储”按钮保存该支点。点击“线”按钮可以采用线偏距法进行支点。输入两点构成一条参考线，指定支点在线的哪边，输入支点的点号、编码、从参考线的第二点到支点与参考线垂直的垂足点之间的距离、支点到垂足点之间的距离。点击“存储”按钮保存该支点。

（5）点击“开始”按钮则开始观测。点击“数据”按钮可以查看当前观测点的结果。点击“图”按钮可以查看当前观测点的图形。

（6）点测量中的注意事项：

1）点测量：首先看状态，如图 3–3–5 所示。

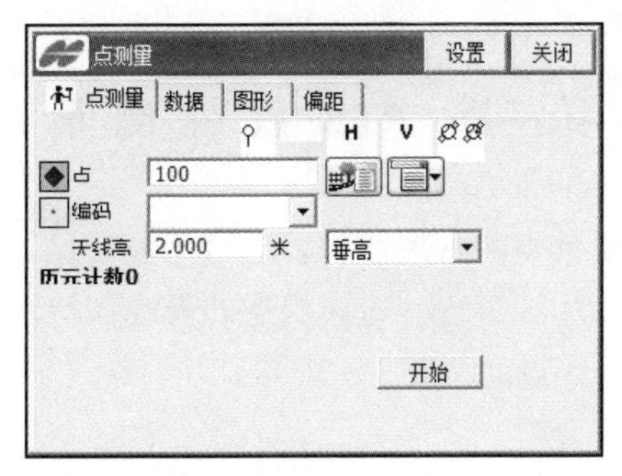

图 3–3–5　点测量

2）电台数据链延期：不超过 3s。

3）参与结算的卫星不少于 5 个。

4）为了保证精度，出现 fixed 后再进行点测量。

5）点名是自动增加的，如遇到特殊点可以手动输入点名。

二、线（连续）测量

将手簿和移动站连接，手簿和移动站均开机。

（1）选择“测量/线（连续）测量”菜单。

（2）输入点号、编码、天线高、量高方式等信息。

（3）点击“设置”按钮，可以修改测量的参数：按距离自动观测、按时间自动观测，以及相对应的间距。点击“缺省值”按钮、“确定”按钮可以恢复缺省值设置。

（4）点击“开始”按钮后即可移动，程序自动按设置的参数进行观测。

（5）点击“暂停”按钮，可以暂停该线测量进程。

（6）点击“开始观测”按钮，可以进入点（连续）测量。点击“数据”按钮可以查看当前观测点的结果。点击“图”按钮可以查看当前观测点的图形，如图 3–3–6 所示。

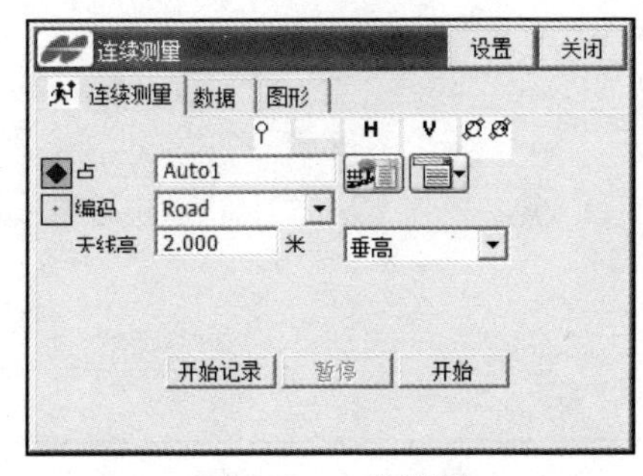

图 3–3–6　线测量

第三节 RTK 放 样 测 量

RTK 放样时，需要至少两台接收机，一台为基准站，与其相连的天线在已知点上对中整平；一台为移动站，与其相连的天线在待测点上对中整平，放样的目的是在实地找到设计点的位置。

一、点放样

放样点坐标在输入已知点时已输入，进入该界面，直接选择“点”，进入“点放样”模式，如图 3–3–7 所示。

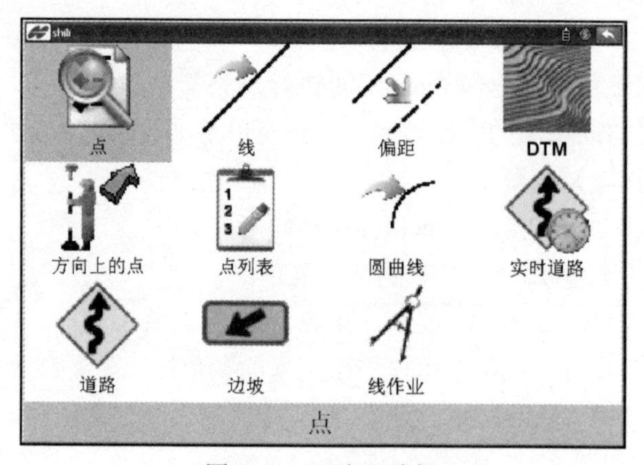

图 3–3–7 “点”选择

输入要放样点的点名，如 acpii180（划圈处显示 Fixed）然后点击“点放样”按钮，按屏幕指示操作即可，如图 3–3–8 所示。

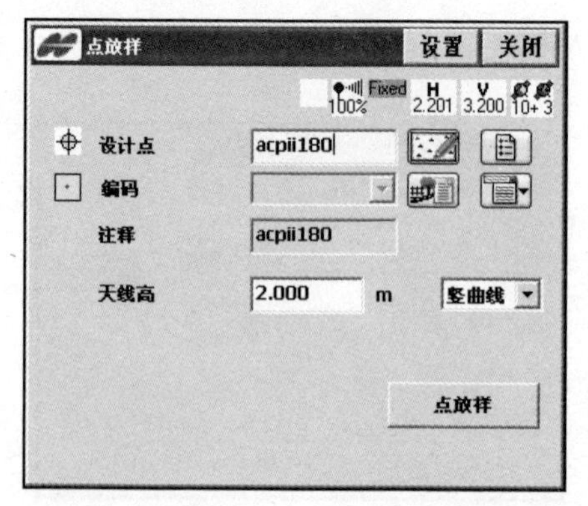

图 3–3–8 点放样

点击“设置”按钮，输入放样参数：水平距离的限差、参考方向。选择放样后观测点的点号和注释形成方式。点击“缺省值”按钮、“确定”按钮可以恢复缺省值设置，如图 3–3–9 所示。选择或输入待放样的设计点点号，输入天线高、量高方式等信息。点击“放样”按钮，则开始点放样。如果有必要，输入放样下一个点的点号间距，根据点放样界面的提示信息，找到设计点的准确位置。点击“存储”按钮则保存该点位坐标。点击“下一点”按钮放样下一个设计点。

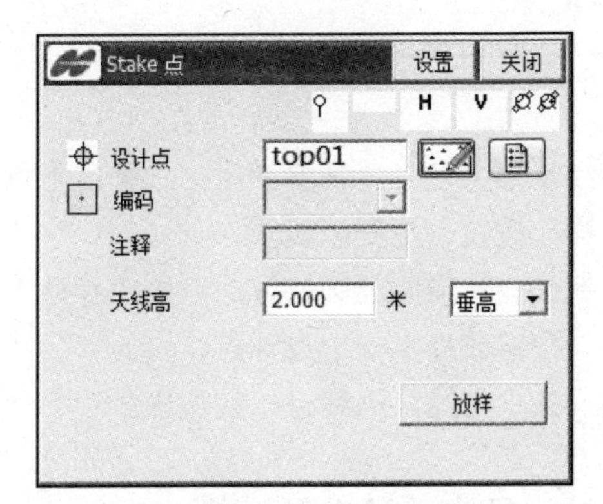

图 3–3–9 “放样/点”菜单

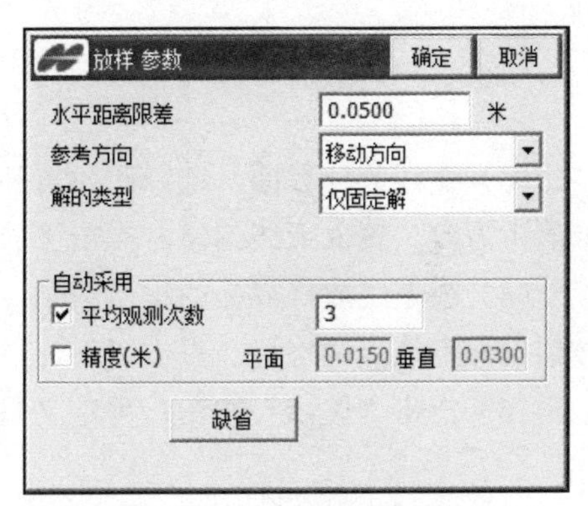

图 3–3–10 设置放样参数

二、线放样

（1）选择“放样/线”菜单，如图 3–3–11 所示。

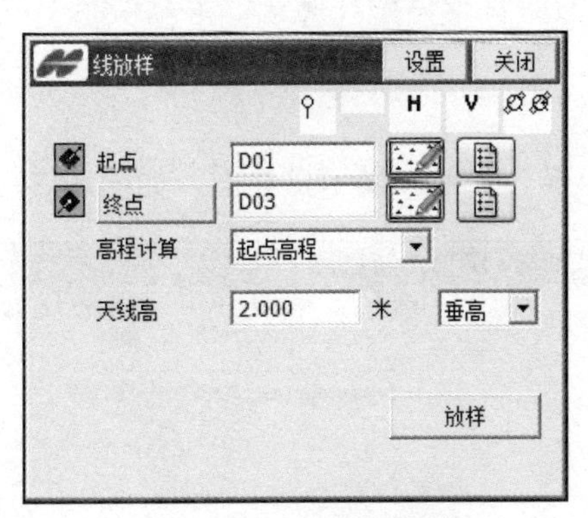

图 3–3–11 开始点放样

（2）点击“设置”按钮，输入放样参数：水平距离的限差、参考方向。选择放样后观测点的点号和注释形成方式。点击“缺省值”按钮、“确定”按钮可以恢复缺省值设置，如图 3–3–12 所示。

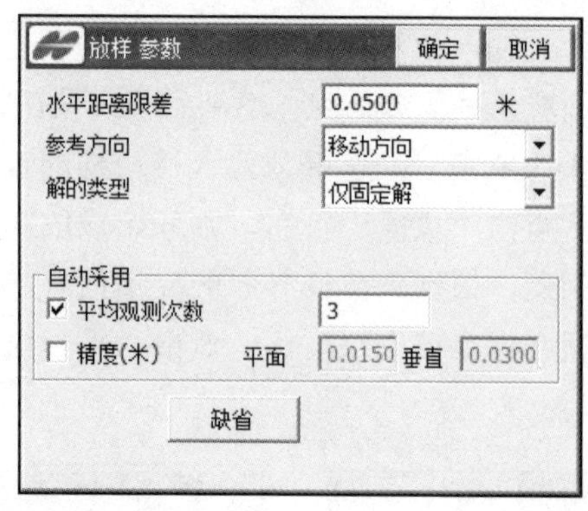

图 3–3–12　设置放样参数

（3）在线放样界面，选择起始点和终止点来定义一条参考线。选择参考点或参考方向。输入天线信息。点击“放样”按钮，则开始线放样。

（4）根据线放样界面的提示信息，找到设计点的准确位置。点击“存储”按钮则保存该点位坐标。点击“下一点”按钮放样下一个设计点。

（5）点击“关闭”按钮，可定义另一条参考线，继续进行线放样。

第四节　测量数据的存储、导入、导出和下载

一、测量数据的存储

Top SURV 软件的所有数据均存储在一个数据库中，该数据库保存了点、编码和原始数据。

1. 增加和编辑点

（1）选择“编辑/点”菜单，显示点界面，如图 3–3–13 所示。

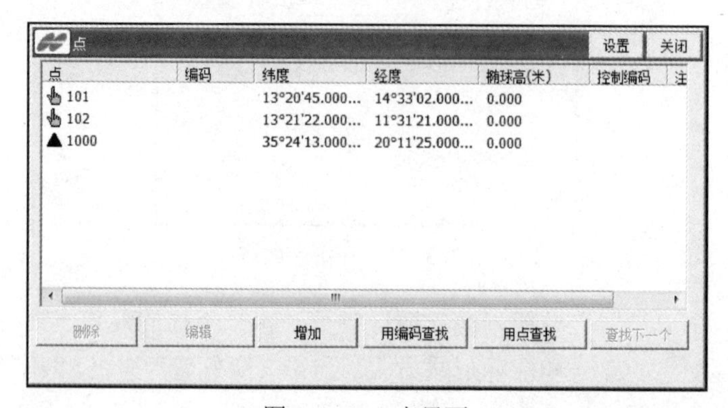

图 3–3–13　点界面

（2）要增加点，点击“增加”按钮，显示增加点界面，如图 3–3–14 所示。输入点号、编码、点的坐标（N、E、H），是否为控制点。点击“确定”按钮保存。

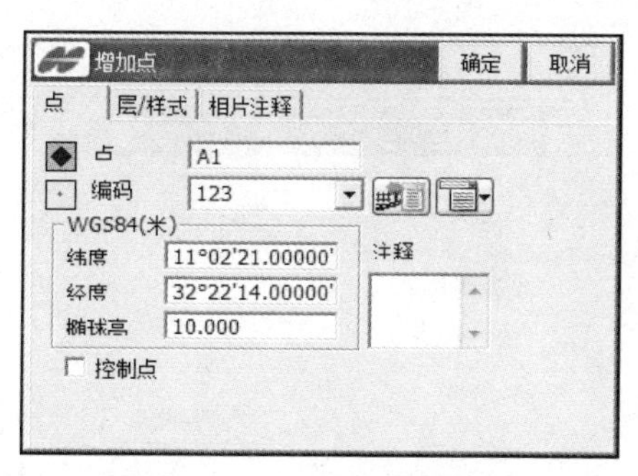

图 3–3–14　增加点界面

（3）要编辑某个点，先选中该点，点击“编辑”按钮，显示编辑点界面，并输入新的信息，点击“确定”按钮保存，如图 3–3–15 所示。

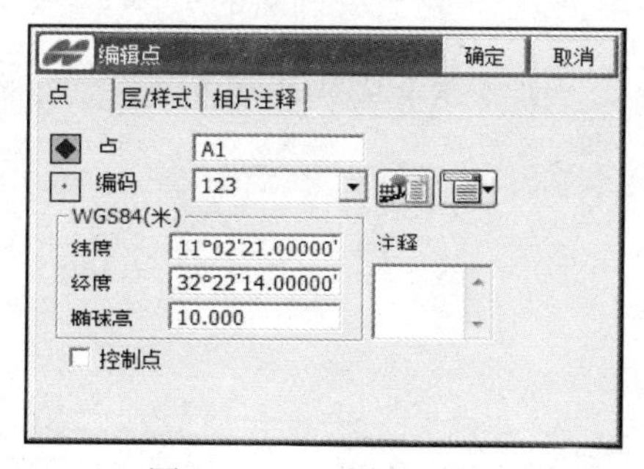

图 3–3–15　编辑点界面

（4）要删除某个点，先选中该点，点击“删除”按钮，显示如图 3–3–16 所示，点击“是”按钮。

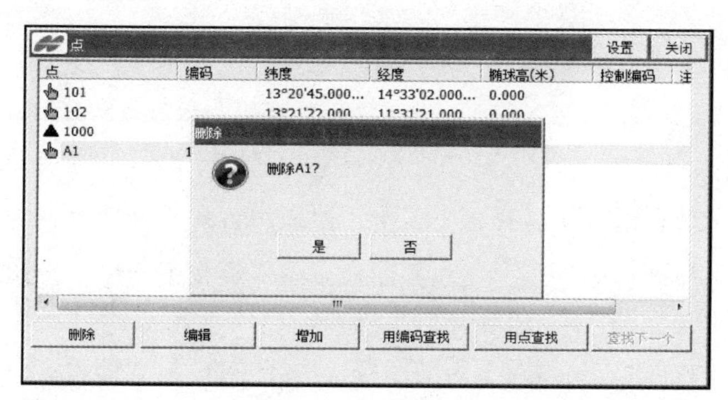

图 3–3–16　删除点

（5）可以按点号来查找点，点击“用点查找”按钮，显示查找点界面，如图 3-3-17 所示。输入要查找的点号、选择匹配整个名称或匹配部分名称，在点界面点击“查找”按钮。

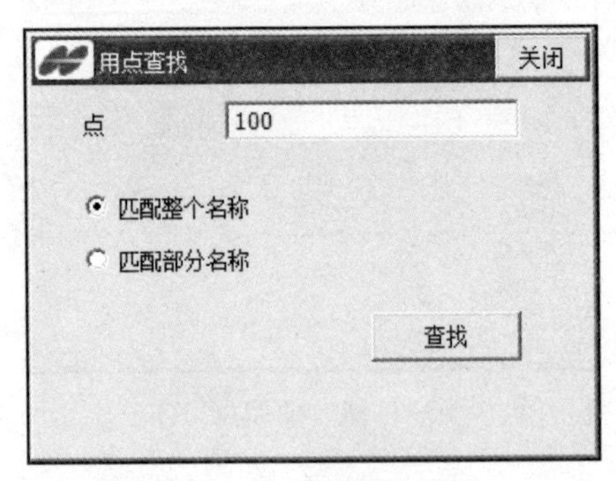

图 3-3-17　查找点界面

点击“查找下一个”按钮，可查找同名的下一个点，如图 3-3-18 所示。

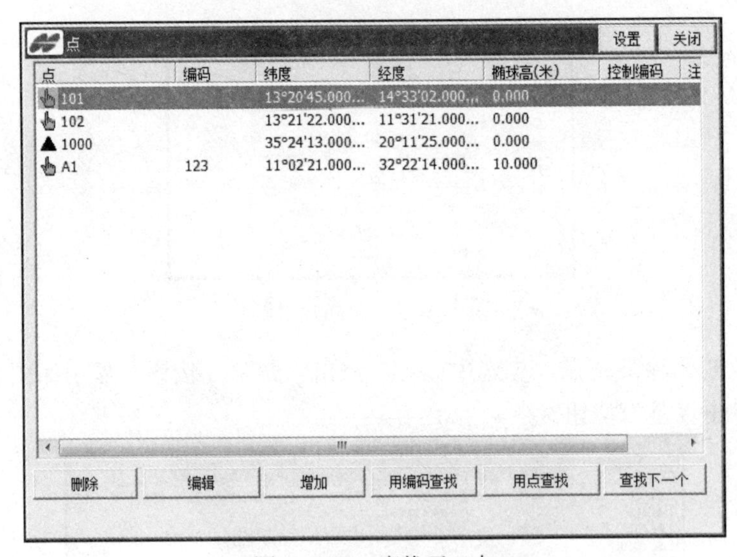

图 3-3-18　查找下一点

（6）也可以按编码来查找点，点击“用编码查找”按钮显示查找界面，点击“查找”按钮即可。同理，在点界面，点击“查找下一个”按钮可查找同编码的下一个点，如图 3-3-19 所示。

要输入 PTL 点，单击左上角的图标，选择 PTL 模式即可。点击“查找下一个”按钮，可查找同名的下一个点。

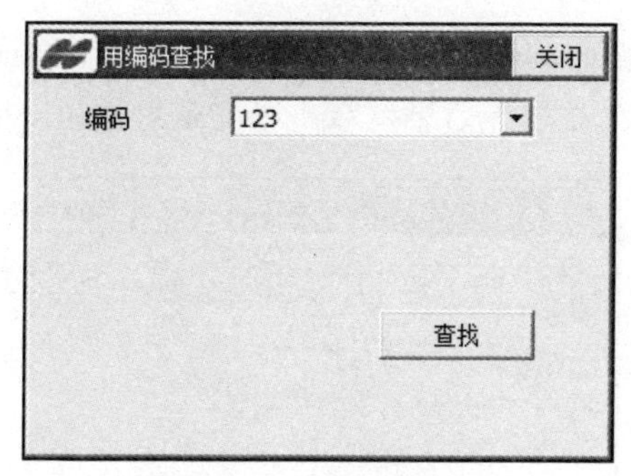

图 3–3–19　按编码查找点

2. 增加和编辑编码

（1）选择“编辑/编码”菜单，显示编码—属性界面，如图 3–3–20 所示。

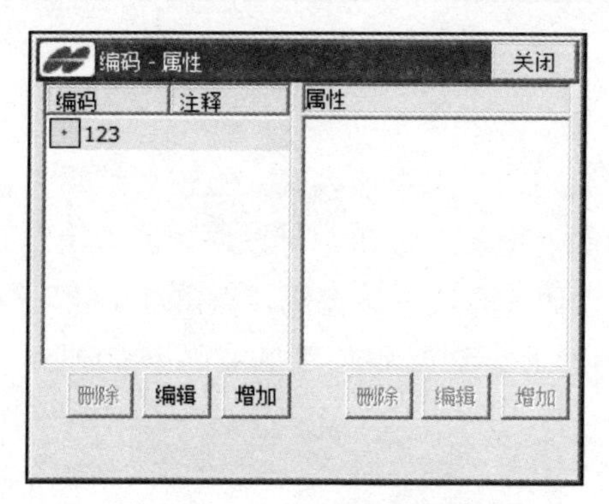

图 3–3–20　编码—属性界面

（2）要增加编码，单击编码窗口的“增加”按钮。

输入编码名称，点击“确定”按钮，如图 3–3–21 所示。

图 3–3–21　输入编码名称界面

（3）要定义一个编码的属性，选中该编码，点击属性窗口的“增加”按钮，输入相应的属性名称、类型等信息，点击“确定”按钮，如图 3–3–22 所示。

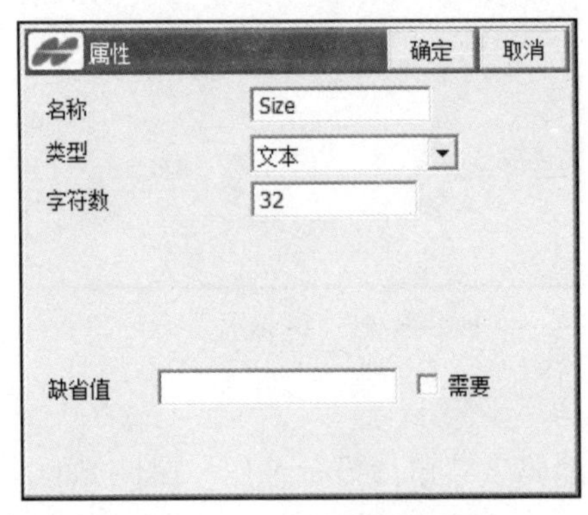

图 3–3–22　定义编码属性

3. 增加和删除

（1）要编辑某个编码，先选中该编码，点击“编辑”按钮，可以修改编码名称，单击属性窗口的“增加”按钮，可以增加属性信息。

（2）要删除某个编码，先选中该编码，点击“删除”按钮即可，点击“是”按钮确认，如图 3–3–23 所示。被点使用的编码不能删除。

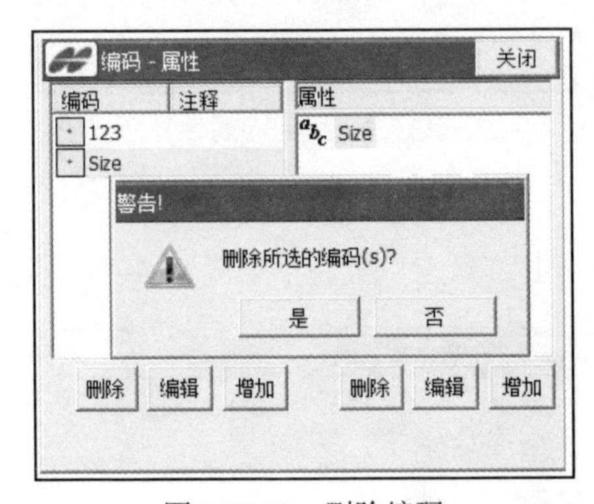

图 3–3–23　删除编码

二、数据导入

作业中可以从另一个作业、文件、手簿、编码库中导入数据。

1. 由作业导入

（1）选择“作业/导入/来自作业”菜单，显示选择作业界面，选择一个作业，或单击“浏览”按钮查找一个作业，如图 3–3–24 所示。

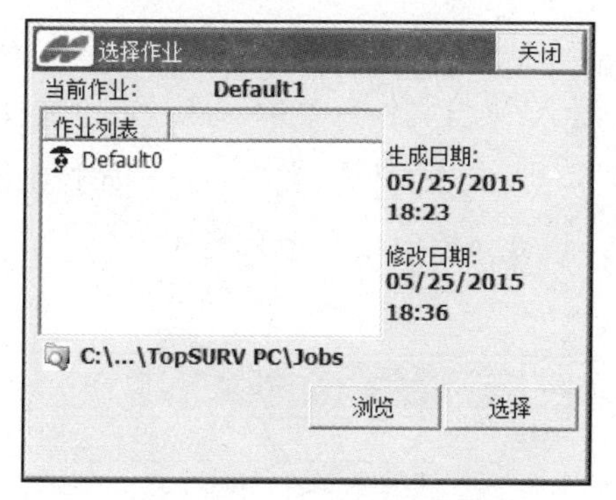

图 3–3–24　由作业导入数据

（2）显示要导入的点界面，选择要导入的点的类型，如控制点、设计点、点测量的点、线测量的点、带编码的点、点的范围等信息，如图 3–3–25 所示。

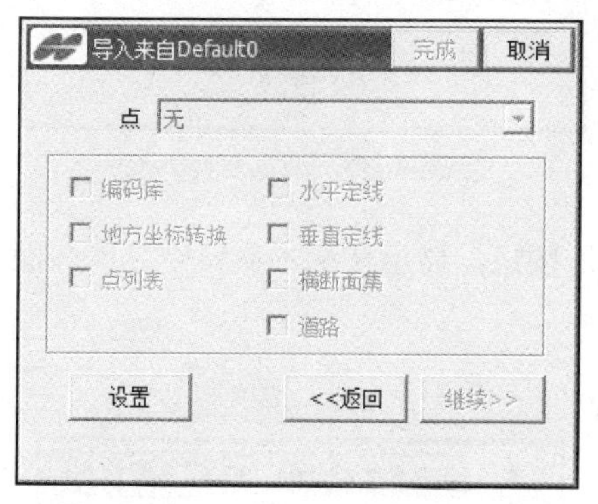

图 3–3–25　选择要导入的点的类型

（3）点击“继续”按钮，显示导入界面，选择是否要导入地形编码库和坐标转换。点击“继续”按钮开始导入，如图 3–3–26 所示。

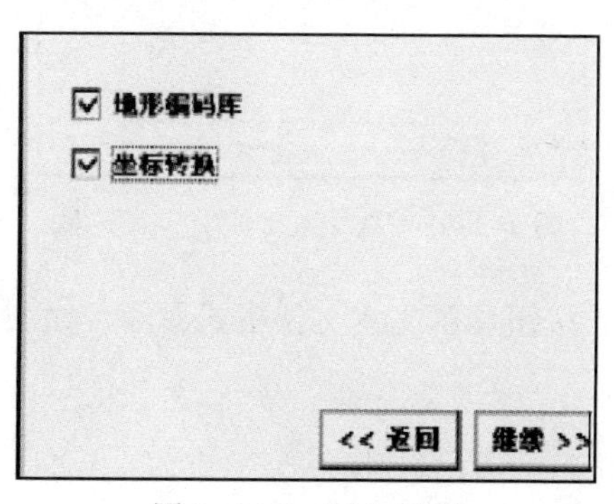

图 3–3–26　导入界面

2. 由文件导入

（1）选择“作业/导入/来自文件”菜单，显示来自文件界面，如图 3–3–27 所示，选择文件类型、导入后作为什么类型的点，如控制点、设计点、点测量的点、或线测量的点，以及 ASCII 文件的属性。

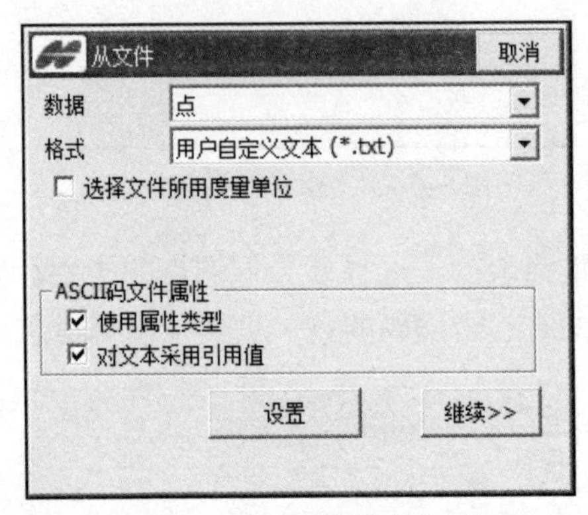

图 3–3–27　来自文件界面

（2）点击“继续”按钮，显示从文本文件中导入界面，如图 3–3–28 所示，选择要导入的文件。

图 3–3–28　从文本文件中导入界面

（3）点击“确定”按钮显示文本文件格式界面，如图 3–3–29 所示，选择适应的格式。

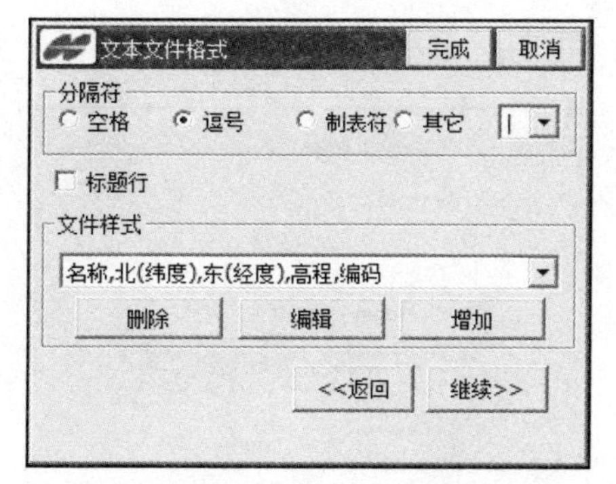

图 3–3–29 文本文件格式界面

（4）点击“继续”按钮，显示坐标系统界面，如图 3–3–30 所示，选择投影、基准、大地水准面模型、坐标类型、显示单位等信息。点击“完成”按钮即可自动导入。

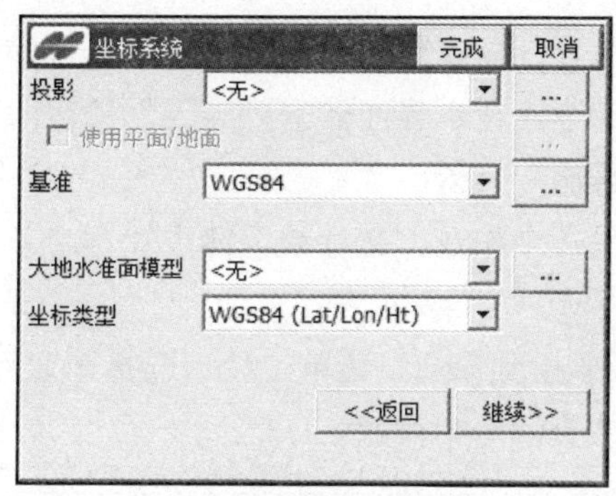

图 3–3–30 坐标系统界面

3. 由手簿导入

(1)选择“作业/导入/来自手簿”菜单，显示导入/导出设置界面，如图 3–3–31 所示，选择通信口。

图 3–3–31 导入/导出设置界面

（2）点击“继续”按钮，显示导入文件的目录界面，如图 3–3–32 所示。

图 3–3–32　导入文件的目录界面

选择要将导入的文件存储在什么目录下。在另一台手簿上准备好“由手簿导出”的操作，详见后述。在本界面点击“导入”按钮即可。

三、测量数据的导出

可以导出数据到另一个作业、文件或手簿中。

1. 导出到作业

（1）选择“作业/导出/到作业”菜单，显示选择作业界面，如图 3–3–33 所示，选择一个作业，或查找一个作业。

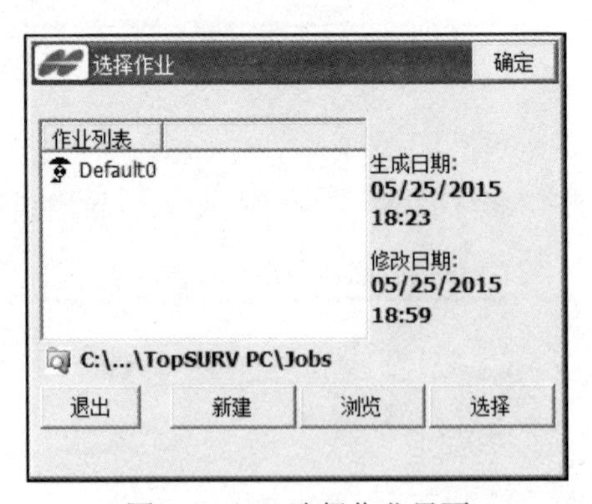

图 3–3–33　选择作业界面

（2）显示 Point to Export（要导出的点）界面，如图 3–3–34 所示，选择要导出的点的类型，如控制点、设计点、点测量的点、线测量的点、带编码的点、点的范围等信息。

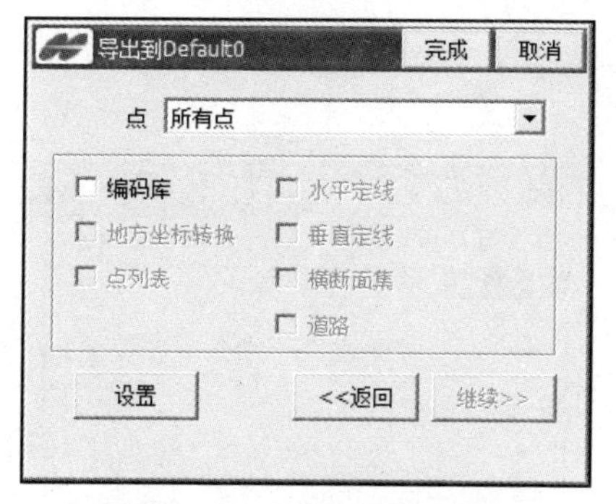

图 3–3–34　要导出的点界面

（3）点击“继续”按钮，显示导出界面，如图 3–3–35 所示。选择是否要导出地形编码库和坐标转换。点击“继续”按钮。

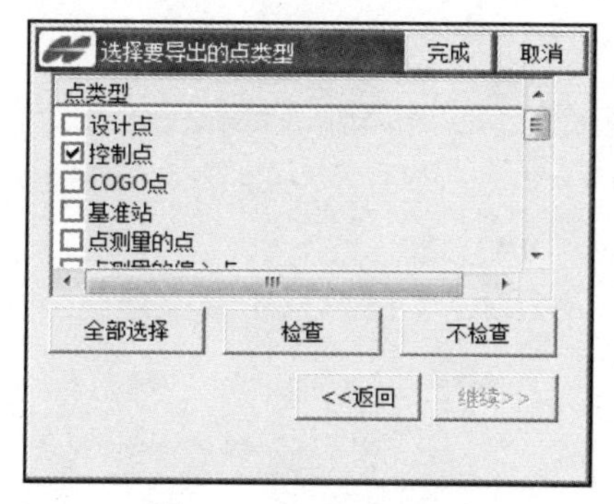

图 3–3–35　导出界面

2. 导出到文件

（1）选择“作业/导出/到文件”菜单，显示到文件界面，开始导出，如图 3–3–36 所示。选择文件类型、导出属性以及 ASCII 文件的属性。

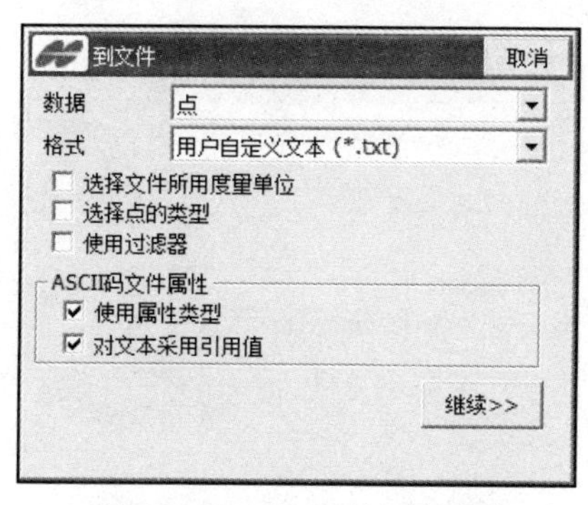

图 3–3–36　导出到文件界面

（2）点击“继续”按钮，显示导出到文本文件界面，如图 3-3-37 所示，选择或输入文件名。

图 3-3-37　导出到文本文件界面

（3）点击“确定”按钮，显示文本文件格式界面，如图 3-3-38 所示，选择适应的格式。

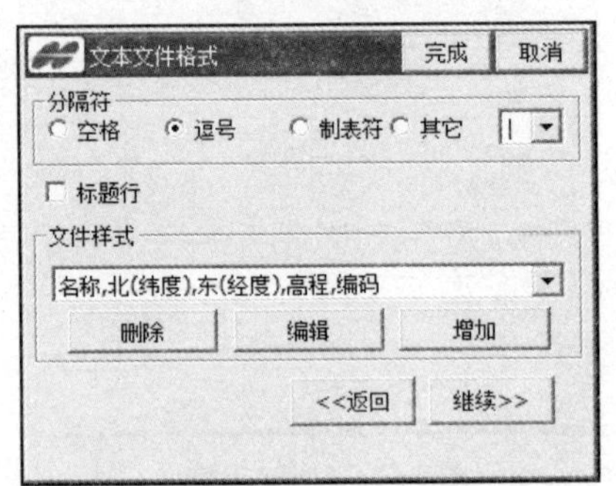

图 3-3-38　文本文件格式界面

（4）点击“继续”按钮显示坐标系统界面，如图 3-3-39 所示，选择投影、基准、大地水准面模型、坐标类型、显示单位等信息。点击“完成”按钮即可自动导出数据。

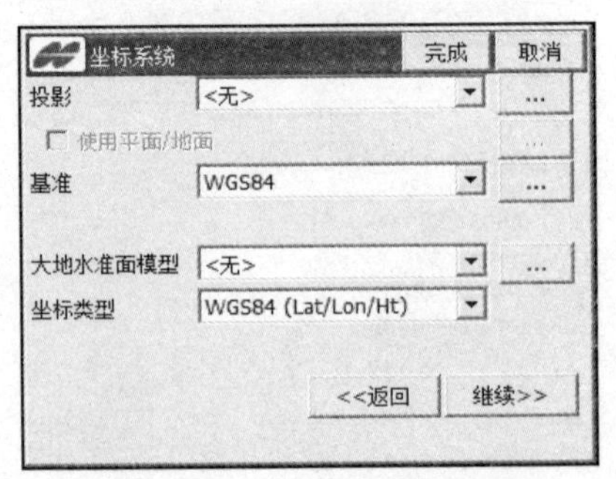

图 3-3-39　坐标系统界面

3. 导出到手簿

（1）选择“作业/导出/到手簿”菜单，显示导入/导出设置界面，如图 3–3–40 所示。选择通信口。

图 3–3–40　导入/导出设置界面

（2）点击“继续”按钮，显示导出的文件界面，如图 3–3–41 所示，选择将要导出的文件，如/Storage Card/TPS//Top SURV/Jobs/TEST.tsv。在另一台手簿上准备好“由手簿导入”的操作，详见前述。在本界面点击“导出”按钮即可。

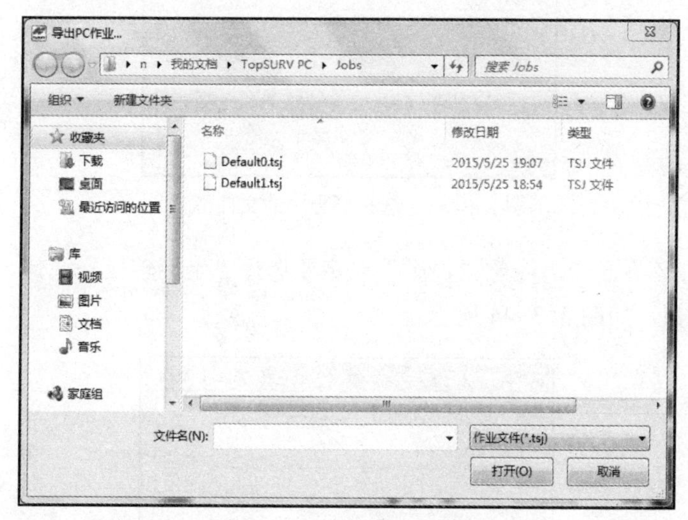

图 3–3–41　导出的文件界面

四、测量数据的下载

（1）输入文件名，如 123，文件保存到图 3–3–42 所示目录下（手簿中），将手簿和电脑用 ActiveSync 同步软件连接，找到该文件，直接拖到电脑桌面即可，然后点击“确定”按钮。

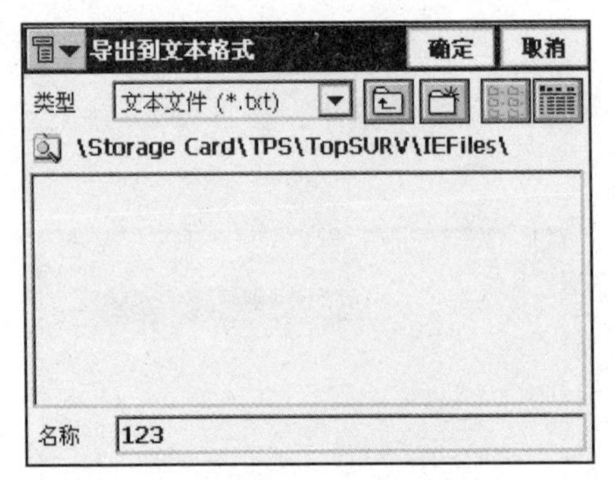

图 3–3–42　输入文件名

（2）在该界面选择要导出的文件格式，点击“继续”按钮，如图 3–3–43 所示。

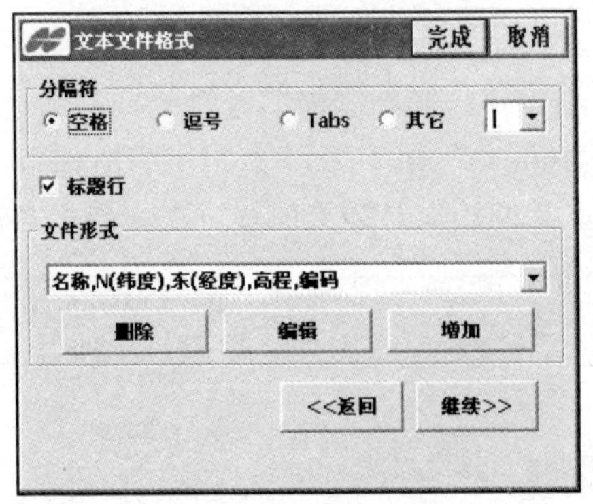

图 3–3–43　选择要导出的文件格式

（3）在该界面中，注意“投影”一定要选择“坐标转换”选择，然后点击“完成”按钮，如图 3–3–44 所示。

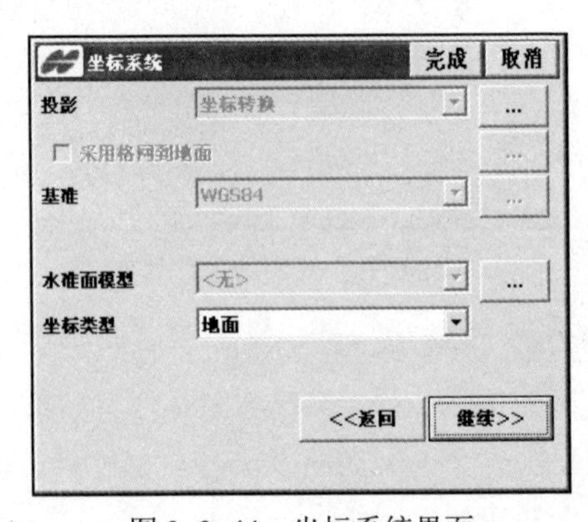

图 3–3–44　坐标系统界面

（4）点击“关闭”按钮，完成数据下载，如图 3–3–45 所示。

图 3–3–45　导出状态界面

注意：一定要选择“坐标转换”按钮，这样出来的坐标全部是所要的地面坐标或平面坐标。

第五节　影响测量作业的因素

测量作业中由于各方面的原因，因此对测量的精度、速度及数据的准确性都会有一定的影响。

一、影响 RTK 测量作业的因素

RTK 测量作业需要避免一些不利因素的影响，而造成这些影响的主要原因是源于整个 GPS 系统的局限性。

GPS 依靠的是接收从地面以上约两万千米的卫星发射来的无线电信号。相对而言，这些信号频率高、功率低、不易穿透可能阻挡卫星和 GPS 接收机之间视线的障碍物。事实上，存在于 GPS 接收机和卫星之间路径上的任何物体都会对系统的操作产生不利的影响。有些物体，如房屋，会屏蔽卫星信号。因此，GPS 不能在室内使用。同样原因，GPS 也不能在隧道内或水下使用。有些物体，如树木，会部分阻挡、反射或折射信号。GPS 信号的接收在树林茂密的地区会很差。树林中有时会有足够的信号来计算概略位置，但信号清晰度难以达到厘米水平的精确定位。因此，GPS 在林区也有一定的局限性。这并不意味着 GPS 只能用于四周相对开阔的地区。GPS 测量在部分障碍的地区也可以是有效而精确的，这是因为 GPS 要实现精确可靠的定位必需要 5 个适当分布的卫星，而一般情况下在任何时间，任何地区都可能会有 7 到 10 个 GPS 卫星。有障碍物的

地点只要可以观测到至少5个卫星，就有可能进行GPS测量。在树林或大楼四周进行测量时，只要该地留有足够的开放空间，使GPS系统可观测到至少5个卫星，GPS测量就能完成。

RTK作业的另一个不利因素来源于RTK传输数据链本身。RTK数据链的工作与周围的电磁环境及作用距离都有较大的关系。

RTK定位时要求基准站接收机实时地把观测数据（伪观测值，相位观测值）及已知数据传输给移动站接收机，而RTK电台功率为25瓦，因此基准站与移动站之间不能有大的障碍物。

根据经验值，RTK作用距离与基准站架设的高度的关系见表3–3–1。

表3–3–1　RTK作用距离与基准站架设的高度的关系

高度（m）	典型距离（km）	理想距离（km）
>30	9～11	10～12
20	7～9	8～10
10	5～7	6～8
2	3～5	4～6

注　典型距离指一般的电磁条件下的作用距离；理想距离指卫星、大气、电磁条件好的情况下的作用距离。

考虑到以上因素在基准站架设时应当选择较好的已知点点位，观测时应注意使观测站位置具有以下条件。

（1）在10°截止高度角以上的空间不应有障碍物。

（2）邻近不应有强电磁辐射源，如电视发射塔、雷达电视、手机信号发射天线等，以免对RTK电信号造成干扰，其距离不得小于200m。

（3）基准站最好选在地势相对高的地方，以利于电台的作业距离。

（4）地面稳固，易于点的保存。

注意：用户如果在树木等对电磁传播影响较大的物体下设站，当接收机工作时，接收的卫星信号将产生畸变。

二、测量中要注意的事项

（1）仪器的注册码是否到期。

（2）仪器和手簿电池是不是已经充满电。

（3）机器的设置是否正确（电台、数据格式、网络配置等）。

（4）模式是否正确（静态、基准站、移动站）。

（5）仪器与手簿蓝牙是否正常。

（6）仪器天线是否正确（网络、电台）。

（7）坐标系统、中央子午线是否正确。

（8）是否启用了四参数和七参数，参数是否正确。

参 考 文 献

[1] 唐云岩. 送电线路测量［M］. 北京：中国电力出版社，2004.

[2] 胡国荣. 输电线路基础［M］. 北京：中国电力出版社，1993.6.

[3] 张红乐. 输电线路检修（上）［M］. 北京：中国电力出版社，2010.11.

[4] 金龙哲. 输电线路运行（上）［M］. 北京：中国电力出版社，2010.7.

[5] 申屠柏水，李健. 水面上空输电线路垂直距离的测量［J］. 浙江电力，2013.1 73–77.